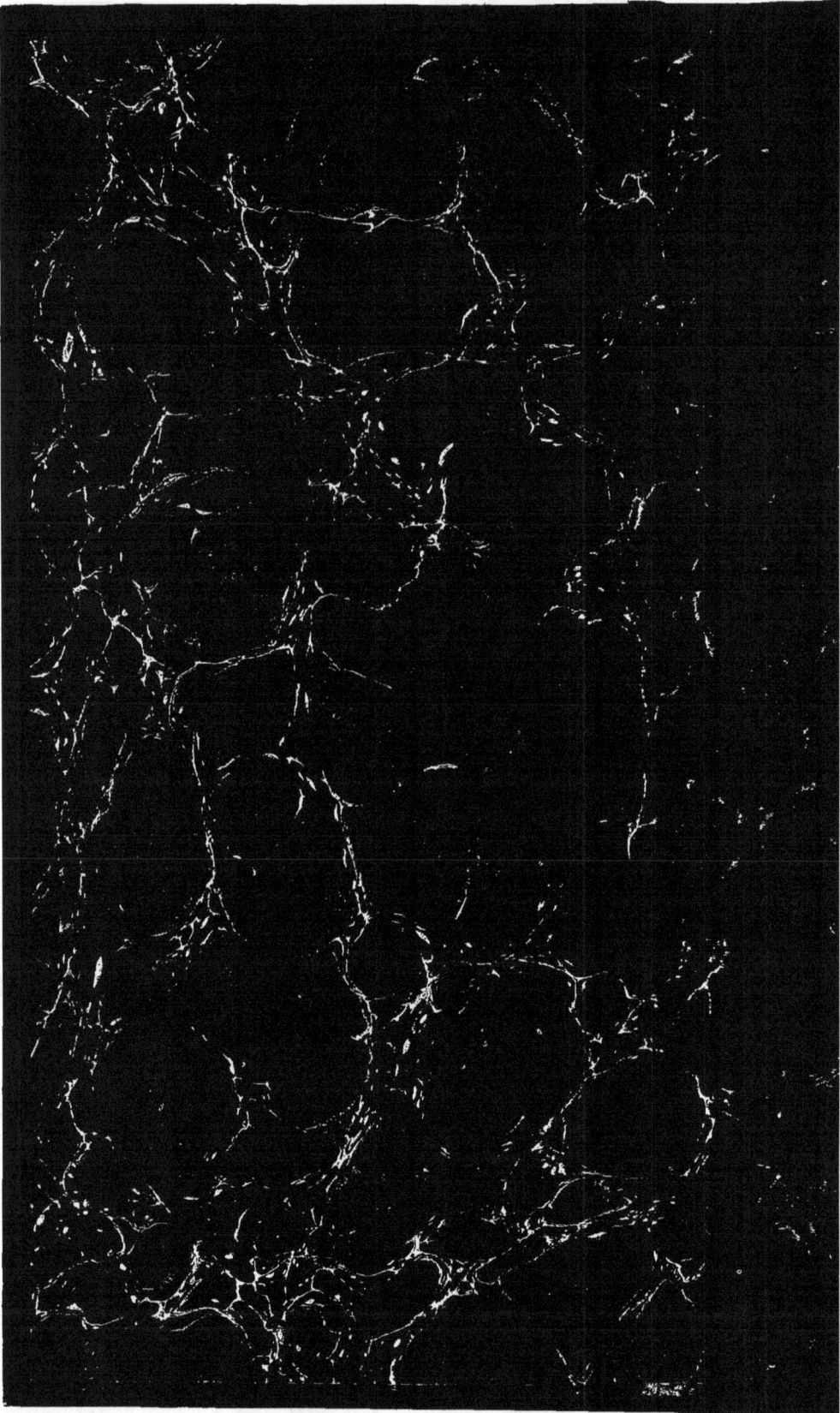

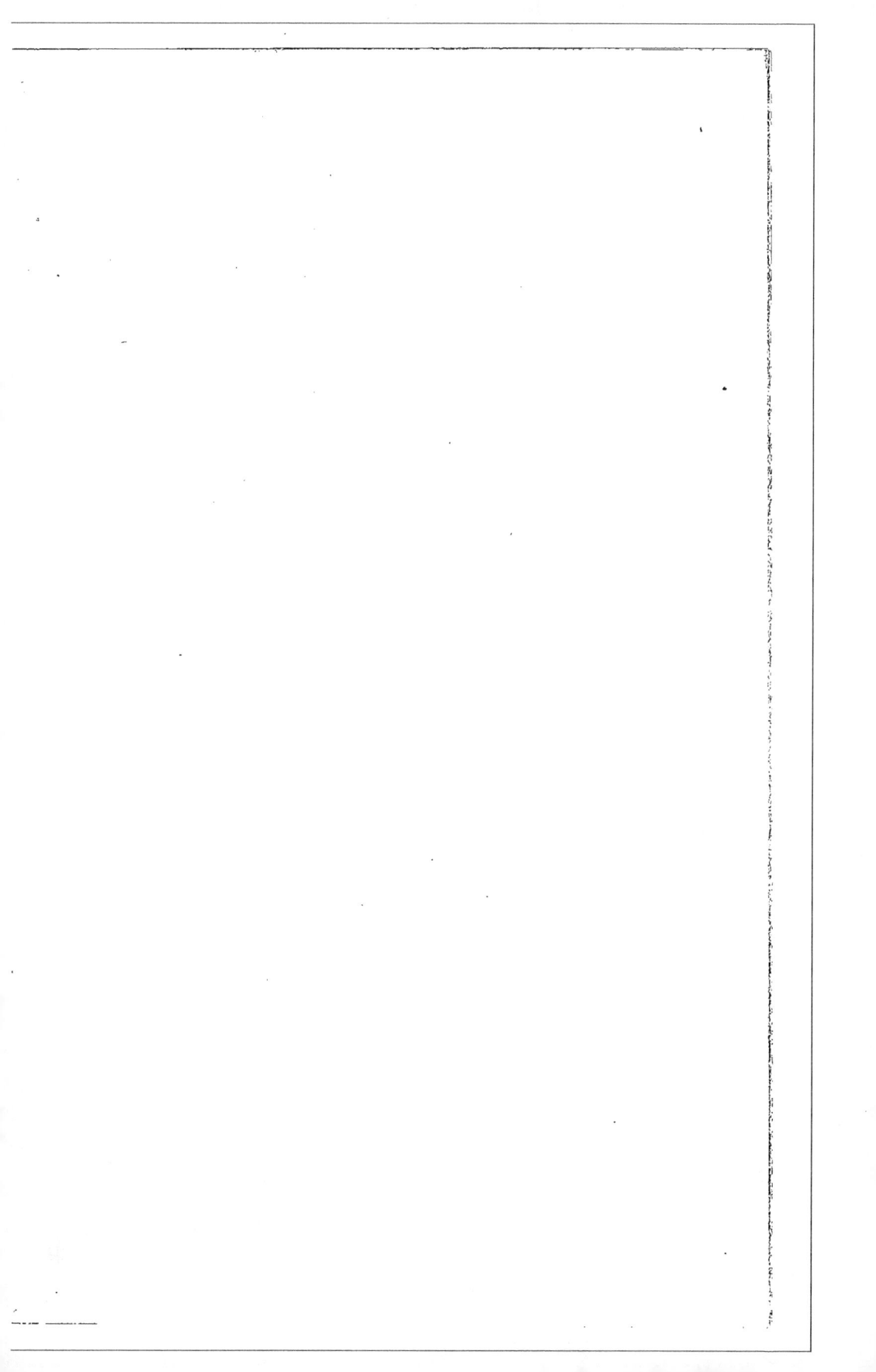

S

2⁶60

LES

POMMES DE TERRE

RÉGÉNÉRÉES.

« Beachte und benutze jederzeit die Winde der Natur; straft sie aber deine Unachtsamkeit, dann betrachte dieses als mahnendes Zeichen, ihr unbedingt zu folgen. »

F. A. PINCKERT.

METZ. — IMPRIMERIE DE S. LAMORT, Rue du Palais, 10.

LES
POMMES DE TERRE

RÉGÉNÉRÉES,

ou

RECHERCHES SUR LES CAUSES DES MALADIES DES POMMES DE TERRE

ET SUR LES MOYENS DE RÉGÉNÉRER CE VÉGÉTAL,

PAR

MICHEL GREFF,

ANCIEN NOTAIRE, MEMBRE DU COMICE AGRICOLE DE METZ.

METZ.

WARION, LIBRAIRE, RUE DU PALAIS, 2.

H. X. LORETTE, LIBRAIRE, RUE DU PETIT-PARIS, 8.

—

1846.

A LA MÉMOIRE

De Jean GREFF, et de Marie-Elisabeth GOETTMANN,
sa femme, mes père et mère,

HOMMAGE

D'amour, de respect et de reconnaissance.

L'AUTEUR.

TABLE DES MATIÈRES.

PRÉFACE.

Pour avoir le droit de parler d'agriculture, sans posséder le talent qui peut tout oser, il est sans doute nécessaire d'être cultivateur, ou fils de cultivateur au moins. Je suis un peu l'un et l'autre ; je dis un peu, parce que je n'ai encore pu me livrer exclusivement à l'art de cultiver la terre, et que j'ai été éloigné trop jeune de la maison paternelle, pour avoir reçu le baptême de la pratique, cette seconde nature qui constitue le véritable fils du cultivateur.

J'ajoute que je tiens à honneur d'être fils de cultivateur, même à ce faible degré. Mon Dieu ! oui, n'étant ni assez ambitieux ni assez riche pour être tenté de renier mon origine, pour avoir intérêt à le faire, j'en tire vanité. Mon père était fils de cultivateur, cultivateur lui-même ; ma mère était fille, épouse et mère de cultivateurs ; c'étaient deux cœurs sincèrement patriotes, de vrais enfants du peuple, c'étaient d'honnêtes gens. Vanité pour vanité, j'aime autant celle-là.

Il me semble, d'ailleurs, qu'il n'est pas loin le temps où la qualité de cultivateur sera un titre aussi vénéré que l'étaient jadis ceux de chevalier, de baron, de comte, de

2

duc...., lorsque ces titres rappelaient une action héroïque, un service signalé rendu à la patrie; non, il n'est pas loin le temps où le titre de cultivateur sera aussi respecté que ceux-ci méritent toujours de l'être, quand l'héritier du nom est pénétré du sentiment des devoirs qu'il lui impose et en soutient l'éclat par ses vertus personnelles; oui, j'ai cette croyance, que le titre de cultivateur sera aussi ambitionné, aussi recherché, qu'il l'était peu jusqu'à présent, pour employer des paroles conciliatrices plutôt qu'irritantes. Ne voyons-nous pas, en effet, poindre une ère nouvelle? Dans toute la France, on s'occupe d'agriculture avec autant d'ardeur qu'on en mettait autrefois à parler de guerre, à discuter les moyens d'attaque et de défense. L'agriculture a son ministre *, ses assemblées générales et particulières, centrales et provinciales, ses journaux, ses bibliothèques, sa part des faveurs ministérielles, en un mot, tout ce qui caractérise, dans un gouvernement, un pouvoir naissant, avec lequel il faudra compter un jour très-sérieusement : elle aura bientôt ses flatteurs et ses courtisans. Et ne voyez-vous pas, entre autres, la noblesse qui, à force d'être possédée de ce vieux besoin de commander, a, pour ainsi dire, l'instinct des positions d'où l'on domine tôt ou tard les masses et le monde; ne la voyez-vous pas arriver au milieu de vous, cultivateurs, et, comme vous, mettre la main à la charrue, après avoir pendu au croc l'épée rouillée dans le fourreau et désormais inutile? Le retour de l'hirondelle

---

* Je sais bien qu'elle n'en a encore que la moitié, et que ce ministre qui doit partager son temps entre deux branches importantes, n'est pas plus familiarisé avec la pratique que la majorité de ses conseillers; mais ce qui existe sur ce point, prouve que l'idée a percé et nous en garantit la complète réalisation dans un avenir peu éloigné. Soyons juste, du reste, et disons que le ministre a les meilleures intentions du monde, qu'il fait peut-être tout ce qu'on pourrait attendre, en ce moment, d'un homme spécial, tout ce que comporte l'état des connaissances agricoles en France. Le reste dépend de nous, de l'avenir.

nous annonce l'approche des beaux jours, des nuits tièdes ; quand, à l'automne, nous apercevons des colonnes d'oies sauvages fendant l'air comme des flèches immenses, dans la direction de nos climats tempérés, nous nous hâtons de prendre les dernières précautions contre les rigueurs imminentes de l'hiver. Hé bien ! la conduite de la noblesse n'est pas moins significative : en la voyant descendre des hauteurs devenues fangeuses ou stériles, pour se mêler à nos travaux dans la plaine verdissante, nous sommes certains que le secret, la force et le sort de l'avenir sont là.

Souffrirons-nous, souffrirez-vous, cultivateurs, qu'on nous ravisse la gloire et les avantages de cette conquête pacifique du progrès en toutes choses ? Chacun a le droit d'entrer en lice et fait bien d'en user ; mais les vrais enfants de la terre, les anciens dans l'art de la cultiver, se laisseront-ils devancer par les derniers venus, par des novices en fait de pratique ? Oui, si les pères de famille persistent à mettre toute leur ambition à pousser leurs enfants dans les emplois, dans le commerce, hors de leur carrière naturelle enfin, et leur bonheur suprême à faire entrer un *monsieur* dans la famille : non, mille fois non, si le fils du cultivateur, après avoir puisé dans les écoles l'instruction nécessaire pour raisonner la pratique, afin de lui conserver sa supériorité par une marche sagement progressive, après y avoir achevé son éducation religieuse, civile et politique commencée sur les genoux de sa mère ; si, dis-je, après avoir profité de tous ces bienfaits de la civilisation, dans la mesure de ses besoins, le fils du cultivateur retourne pour toujours aux champs, rapportant dans la maison paternelle le précieux fonds traditionnel d'idées pratiques épurées, éclairées et fortifiées par l'étude.

Fils de cultivateurs, enfants du peuple *, l'avenir est

---

* Fille du peuple, enfant oubliée du cultivateur, qui pense à toi ?

entre vos mains. Comme d'autres, vous pouvez aspirer au *bonheur* de devenir avocats, notaires, avoués, huissiers, hommes d'argent et d'affaires, tripoteurs d'actions, chevaliers de la commandite....; si vous êtes doués d'une colonne vertébrale un peu souple, de reins dociles et de quelques autres *vertus* spéciales *, vous pourrez faire votre chemin dans les emplois publics; pour peu que vous ayez la conscience facile, vous pouvez espérer atteindre et fixer la fortune capricieuse : mais, avant de vous engager dans les voies tortueuses d'un monde faux et trompeur, arrêtez un instant vos pas inexpérimentés sur le seuil, pour peser les inévitables conséquences de cette démarche décisive. Souvenez-vous, souvenez-vous bien, qu'à votre détermination est attaché le sort des générations à venir, de la classe nombreuse des travailleurs actuels, de ceux parmi lesquels vous êtes nés, de vos frères, de vos sœurs, de vos enfants; souvenez-vous que votre propre bonheur en dépend. En vous séparant de la famille agricole, vous pourrez emporter, au milieu du monde que vous aurez préféré et que vous mépriserez

qui s'occupe de ton avenir? De rares auteurs dont les écrits émancipateurs sont peu lus, les nobles et généreuses pensées incomprises. Exceptons cependant, du premier cas, quelques journaux agricoles assez répandus qui publient d'excellents articles sur l'éducation des filles du peuple. Au nombre de ces feuilles figure avec avantage l'*Utilité*, journal spécial d'agriculture, paraissant, à Nancy, sous l'habile et savante direction de M. Chrétien (de Roville). (Un numéro par semaine, au prix de 12 fr. par an). — Marie (c'est le nom de la fille du peuple, de la femme ignorée; à l'existence pure et uniforme comme la voûte azurée du ciel; à la vie pleine de vertus modestes, de dévouements sans témoins; de souffrances inconnues, de douleurs inconsolées!!......), moi aussi, je pense à toi, à ton éducation, à ton avenir, et un jour peut-être......, si mes forces ne trahissent l'ardeur de mon désir.

* Il va sans dire que je suis loin de généraliser ici; cette proposition comme toutes celles que j'énonce en termes généraux, admet de larges et très-honorables exceptions.

bientôt, la conscience de cette pensée navrante, comme un gage de l'amère déception qui vous attendra : *Je vais forger pour l'agriculture les fers d'un nouvel esclavage, ou tout au moins d'un servage révoltant !*

Il n'entre pas dans ma pensée de prêter des intentions rétrogrades à aucun de ceux qui déposent l'épée, la plume, etc., pour s'armer de la bêche du cultivateur. Il en est peu sans doute qui s'occupent de cet avenir, en calculant les chances de grandeur et de pouvoir que peut renfermer un sillon de terre, et qui songent à se faire un pavois du soc de leur charrue ; tous repousseraient avec indignation, j'aime à le supposer, un projet d'asservissement pour une classe quelconque de la société : ils entendent la liberté à leur manière, mais ils la veulent égale pour tous. Je ne les accuse en aucune façon ; le temps seul, la force des choses, la désertion des fils de cultivateurs aidant, pourrait amener cette nouvelle servitude volontaire.

« La liberté, dit l'auteur de l'Esquisse d'une philosophie, » dépend de deux conditions inséparablement liées, la pro- » priété et la participation au gouvernement, au pouvoir » de législation et à l'administration des affaires commu- » nes. » Cette seule définition suffit pour montrer de quelle importance seront les études appliquées à la culture des champs ; un travail intelligent et raisonné fait plus vite et plus sûrement arriver à la propriété, première des conditions auxquelles s'acquiert et se conserve la liberté. Admettons néanmoins que la propriété peut s'obtenir sans autres connaissances que celles d'une aveugle pratique ; le hasard plus aveugle encore fait naître propriétaires d'immenses richesses maints crétins. Mais la liberté dépend d'une autre condition encore, de la participation au gouvernement des affaires du pays. A qui sera dévolue cette part immédiate et directe du pouvoir gouvernemental, législatif et administratif que nous croyons réservée à la famille agricole ?

Ce n'est plus la force du poignet qui donne la supériorité ; l'intelligence et les capacités établiront seules la hiérarchie sociale de l'avenir. C'est par elles que seront faites les lois ; par elles sera dirigé le gouvernement, dominé l'administration. La liberté ne sera donc jamais entière, parfaite, pour la famille agricole, tant que ceux de ses membres qui auront acquis de l'instruction l'abandonneront. Car on ne pourra pas, évidemment, confier le porte-feuille d'un ministre et la haute direction d'une administration au cultivateur le plus consommé dans la pratique, s'il ne possède en même temps une foule d'autres connaissances ; son acquis pratique même ne serait d'aucune utilité pour le gouvernement et l'agriculture, parce qu'il ne connaîtrait pas les raisons cachées des résultats obtenus ; et, les connût-il, comment en rendrait-il compte ? Voilà, fils du cultivateur, comment vous vendez, vous aussi, vos frères, comment, en prostituant vos talents à une chimère, à la fausse gloire, vous livrez l'avenir de l'agriculture à..... à qui ?...... Cet état ne sera pas l'esclavage des temps de barbarie, mais ce ne sera pas la liberté. Je l'appelle servitude * ? Et vous, vous-mêmes, qu'y gagnerez-vous ? Je vais vous le dire.

Lorsque, à force de travail et de sacrifices, de bassesses peut-être, vous aurez conquis la position, obtenu l'emploi que vous ambitionniez, qui avait un prix infini à vos yeux, où vous placiez le bonheur du reste de votre vie ; lorsque, enfin, votre pensée de tous les instants, le rêve de toutes vos nuits se sera réalisé, vous direz avec le Diogène de

* Il est plus probable pourtant que l'encombrement qui commence à se faire sentir dans toutes les autres carrières, finira par faire refluer le trop-plein vers les champs et y entraînera les fils de cultivateurs. — Des écoles spéciales bien dirigées amèneraient plus tôt ce résultat désirable par des moyens naturels et sans troubles pour l'état comme sans malaise pour les individus.

Félix Pyat : *Quoi, ce n'est que cela !* Pour peu que vous ayez alors eu occasion de connaître les hommes, votre pensée se reportera tristement en arrière, et un soupir s'échappera de votre poitrine oppressée, vers les champs qui vous ont vu naître. Ils vous paraîtront un séjour ravissant, un véritable eldorado, embellis qu'ils seront par tous vos regrets de les avoir quittés. S'il vous reste une seule goutte du sang de vos pères dans les veines, ce moment sera bien près de celui où...... vous écrirez des pages dans le genre de celles-ci....................

.................................*

Mon intention était d'abord de borner mon travail à la

* Prolétaires, hommes du peuple, vous avez à compléter votre affranchissement, à réaliser le droit fondé sur l'égalité de nature, et pour cela il fallait premièrement que vous comprissiez qu'avec un désir très-sincère de vous diriger vers ce but où vous devez tendre incessamment, on pouvait, trompé par de fausses lueurs, vous en éloigner, au contraire, et vous engager en des voies funestes.

Il vous est nécessaire de comprendre encore que l'état meilleur auquel vous aspirez et auquel Dieu lui-même vous commande d'aspirer, ne se produira point par un changement soudain, mais comme toutes choses dans l'univers, par un développement continu, par un constant travail, un travail de chaque jour, dont chaque jour aussi vous recueillerez les fruits, qui seront comme le germe de nouveaux fruits de plus en plus abondants. Lorsqu'on jette une semence dans un champ préparé pour la recevoir, cette semence donne une première moisson, qui, ressemée avec le même soin, donne une autre moisson dix fois, vingt fois plus ample. Ainsi en sera-t-il des semences de bien que vous confierez au champ, pour vous si stérile maintenant, que vous labourez et où d'autres récoltent. Ne vous lassez point, ne vous découragez point par trop d'impatience : on ne fait rien qu'à l'aide du temps. Et sachez aussi et n'oubliez jamais, qu'il y a toujours dans la vie présente et à combattre et à souffrir, parce que le terme de nos désirs infinis n'y est pas, parce que nous avons à y remplir une fonction grande, mais laborieuse, que nous ne vivons pas simplement pour vivre, mais pour accomplir une tâche sainte. Associés à l'action de Dieu dans l'éternelle production de son œuvre, nous avons comme lui un monde à créer. (*Passé et Avenir du peuple*, par l'auteur de l'Esquisse.)

traduction d'un ouvrage allemand sur le sujet que je traite *.
Il était même fort avancé quand je me suis aperçu que
l'auteur allemand n'avait pas embrassé la question dans
toutes ses parties, et que, d'un autre côté, il était trop
prolixe, son livre trop volumineux (360 pages) pour qu'on
pût espérer le faire lire à nos cultivateurs. Plus que jamais
convaincu pourtant de l'utilité d'un travail résumant les
nombreux écrits publiés sur la maladie des pommes de
terre, j'ai entrepris cette tâche difficile. L'ouvrage allemand
m'a été d'un grand secours ; j'y puisais avec confiance, parce
qu'il émane d'un cultivateur. Les pages qu'on va lire ont été
écrites et imprimées au fur et à mesure, dans l'espace de
quelques jours. Cette circonstance, qui nous était imposée
par la nécessité de faire paraître ce travail avant l'époque
de la plantation des pommes de terre, expliquera des
imperfections que la réflexion aurait fait disparaître. Quant
aux autres, si l'on me tient aussi compte du désir qui a
fait courir ma plume, on ne jugera pas trop sévèrement
un écrit dont tout le mérite, s'il en a, se trouve dans le
sujet.

Metz, le 5 mars 1846.

MICHEL GREFF,
de Gau-Biving.

* Les maladies des pommes de terre, par F. A. Pinckert. En envoyant,
dès avant le 15 février, des mémoires sur ce sujet au comice agricole
de Metz, je lui ai annoncé cette traduction. (Voir le *Courrier de la
Moselle*, nos des 21 février et 26 mars, 1846.)

LES
POMMES DE TERRE RÉGÉNÉRÉES.

INTRODUCTION.

L'histoire des pommes de terre, comme celle d'une foule de nos plantes, remonte à l'époque de la découverte du Nouveau-Monde. Elles furent importées en Irlande vers le milieu du seizième siècle, c'est-à-dire pendant la prise de possession par les nations conquérantes des différentes parties de l'Amérique. Mais on attacha peu de prix à cette importation jusqu'en 1586, où l'intrépide navigateur anglais, Francis Drake, à son retour de la Virginie, l'accrédita en Angleterre. De là, les pommes de terre gagnèrent, à ce qu'il paraît, les Pays-Bas, la France et l'Allemagne. Toutefois elles ne furent, encore pendant longtemps, qu'un objet de curiosité chez nous. Il fallait que Antoine-Augustin Parmentier, né à Montdidier, en 1757, vînt leur prêter l'appui de ses connaissances théoriques et pratiques pour les tirer de l'oubli où les reléguait l'ignorance. Dans notre patrie, l'ère de leur admission dans l'économie rurale et du rôle important qu'elles y jouent aujourd'hui, date donc en réalité d'un demi-siècle à peine. Si la reconnaissance des nations était chose moins passagère, nous en aurions pour toujours popularisé le souvenir, en conservant à la pomme de terre le nom du célèbre agronome que lui décerna d'abord l'enthousiasme général. La langue, sans rien perdre sous le

3

rapport de l'harmonie, se serait d'ailleurs enrichie d'un substantif qui lui manque. L'usage, ce maître absolu et bizarre, en a décidé autrement. Inclinons-nous et disons : *Pomme de terre.*

Depuis le moment où les essais de Parmentier eurent fait taire les préjugés à l'endroit de cette plante exotique, la culture des pommes de terre se généralisa en France. Elle prit bientôt un tel développement, qu'elle envahit de vastes champs. On sait qu'elle est son importance aujourd'hui ; ce végétal est devenu la base de l'agriculture dans les grandes comme dans les petites exploitations. L'extension rapide et générale que reçut la culture des pommes de terre tient à plusieurs causes : d'abord aucune plante ne se cultive à moins de frais et avec plus de succès ; d'un autre côté, quelles ressources n'offrent-elles pas au cultivateur, sous le triple rapport de la nourriture pour hommes et bestiaux, des bénéfices pécuniaires * et de l'amélioration du sol par l'engrais qu'elles fournissent et les travaux qu'elles exigent. Il y a des agronomes qui pensent que leur végétation même, loin d'épuiser la terre, la dispose favorablement à la production d'autres végétaux.

Il semblait donc qu'on n'eût plus qu'à inventer de nouvelles machines, des procédés nouveaux pour tirer de cette conquête tout le parti possible, lorsqu'il y a cinq ou six ans, une maladie se déclara en Allemagne. Nos voisins la jugèrent dès-lors assez grave pour concevoir des craintes sérieuses sur l'avenir du précieux végétal. En France, cette question n'offrit pas alors assez d'importance pour fournir le sujet d'un vaudeville, on n'en riait même pas, quand soudain éclata la maladie de l'année dernière. Cette fois

---

* Il serait à désirer que l'humanité n'eût jamais à rougir de la source de ces bénéfices : malheureusement l'eau-de-vie, ce *mal bleu*, comme disent les Anglais, tue plus d'hommes, moralement parlant surtout, que les guerres les plus meurtrières.

notre sécurité ne tint pas devant la fureur de l'épidémie ; l'alarme circula bientôt dans le monde agricole. « Depuis le mois d'août, dit M. Decaisne, la maladie des pommes de terre tient en éveil l'attention publique : on se croit menacé d'une disette, on s'alarme pour la santé des classes laborieuses auxquelles ce tubercule sert de principal aliment ; on craint pour les récoltes prochaines ; *quelques esprits vont plus loin, et présagent dans un avenir très-rapproché, la destruction d'un végétal sur lequel repose en partie la prospérité de notre agriculture* *. » Chacun se demande et cherche autour de soi quelle peut être la cause de ce fléau, s'enquérant avec anxiété des moyens d'en conjurer les effets désastreux **......

Témoin des ravages que la maladie n'a pas cessé d'exercer, j'ai recueilli les avis touchant le remède applicable dans le moment ; partageant les craintes sur la gravité de l'altération et sur ses conséquences pour l'avenir, j'ai de plus étudié les caractères de cette maladie, j'en ai cherché les causes probables, afin d'y découvrir les moyens de prévenir le retour du mal. Les chapitres suivants feront connaître le résultat de mes recherches sur ces points intéressants. Puisse ce faible travail devenir utile à l'agriculture et par elle au peuple !

* Histoire de la maladie des pommes de terre.

** Ceux qui voudront lire tout ou partie des écrits relatifs à la maladie des pommes de terre, trouveront une liste des principales publications, sur cette question, dans l'ouvrage de M. Decaisne, que je viens de citer. Cette lecture, mieux que le discours le plus éloquent, convaincra de l'importance du sujet, mais aussi de l'obscurité qui règne dans les esprits à cet égard.

SYMPTOMES, CARACTÈRES ET CAUSES

Des maladies des Pommes de Terre.

CHAPITRE I.

CONSIDÉRATIONS GÉNÉRALES.

Les plantes sont des corps organisés ; comme les animaux, elles vivent et respirent ; quelques-unes même semblent donner des signes de sensibilité. Je ne veux pas dire par là qu'il n'y a pas de différence entre la vie végétale et la vie animale ; que les différentes fonctions qui l'entretiennent dans ces deux ordres d'existences s'accomplissent absolument de la même façon, non, je rappelle seulement une vérité incontestée, c'est qu'il existe des analogies frappantes entre ces deux manières d'être. Quelles sont les différences radicales ? Que faudrait-il de plus à la plante pour vivre de la vie animale ? Quoi de moins à la bête pour exister comme les végétaux ? En un mot, qu'est-ce que la vie dans l'un et l'autre règne ? Comment reconnaître la ligne de démarcation précise entre les deux ? Ce sont autant de questions sur lesquelles la science s'escrime depuis des siècles, accumulant volumes sur volumes, sans avoir fait un seul pas vers leur solution ; elle ne peut encore nous apprendre avec certitude où commence et où finit le règne végétal. Il n'y a peut-être qu'un grain de sable à soulever pour pénétrer ce mystère, mais ce grain de sable n'est-ce pas l'écueil contre lequel les flots avancés du vaste océan de l'intelligence humaine viendront éternellement se briser ?

Contentons-nous donc des points d'analogie et des différences que nous connaissons entre les deux ordres d'êtres ; des nuances, si l'on veut, que nous remarquons à des distances considérables entre les anneaux de l'immense chaîne dont les extrémités se perdent, pour nous, dans l'infini ; ici, l'infini petit, là, le grand infini. Ces jalons nous suffiront pour établir avec quelques probabilités des comparaisons entre les conditions de l'existence matérielle aux différents étages de l'échelle organique. Ce que nous aurons observé dans le règne animal, que nous étudions tous plus ou moins forcément, nous conduira à la connaissance d'une foule de phénomènes de l'ordre végétal.

Les analogies qu'il importe le plus de remarquer pour l'intelligence du sujet qui nous occupe, ce sont celles qui existent dans les fonctions de la nutrition ; car les maladies ne proviennent que d'un dérangement survenu dans cette opération. On sait comment s'exécutent les fonctions de la nutrition chez les animaux. Voici ce que la science enseigne de plus positif sur cette opération touchant le règne végétal : Les plantes absorbent des matières qui doivent servir à leur alimentation ; par un mouvement qui leur est propre, ces matières sont portées dans les tiges et les feuilles ; là, s'élabore le fluide nutritif par le contact de ces matières avec l'air et l'acide carbonique (respiration), par une déperdition d'eau surabondante (transpiration), par l'élimination de principes inutiles ou surabondants (excrétion) ; viennent ensuite la circulation du suc nutritif dans toutes les parties végétantes, l'assimilation et l'accroissement*. Il y a, on le voit, des rapports évidents, incontestables dans la manière dont s'opère la nutrition dans les deux règnes. C'est tout ce que je voulais constater pour le moment.

Malheureusement, en entrant dans la communauté privilégiée des êtres organisés, les plantes ont dû subir la loi commune ; les maladies, l'épuisement naturel des forces par le jeu, même régulier, du mécanisme des organes, la mort, leur réservent le triste avantage de fournir des points de

* Nouveaux éléments de botanique.

ressemblance sous d'autres rapports. Il est même probable que, vivant à la fois dans deux, quelquefois trois milieux principaux, la plante paie un tribut plus lourd à ces nécessités de la vie matérielle ; d'un autre côté, elle n'a pas, comme l'animal, l'instinct de la conservation, du moins n'en jouit-elle pas au point de répudier ce qui peut lui être nuisible : la plante absorbe tout ce qui se présente dans certaines conditions, le poison destructeur comme les substances nutritives. Ce qui est certain, c'est que pour quelques plantes qui vivent très-longtemps, un grand nombre ne reçoit qu'une existence éphémère, c'est que toutes sont sujettes à des maladies plus ou moins graves. Dans ce dernier état, les plantes offrent ordinairement des analogies telles avec les animaux, dans le même cas, que le plus souvent on n'a même pas songé à créer des expressions différentes pour caractériser le mal. Ainsi, pour ne parler que des maladies connues de tout le monde, la *carie* est une maladie du blé, l'*ergot* attaque le seigle, le *charbon,* l'avoine et d'autres graminées, le *blanc,* les melons, les laitues, les chicorées, etc. ; la *brûlure,* les *gales,* les *chancres,* les *loupes,* l'*étiolement,* etc., etc., qui se déclarent sur les arbres, et une foule d'autres végétaux qu'elles font languir et mourir, sont autant d'altérations qui se rencontrent dans les deux règnes.

Ces chances nombreures de maladies et de mort réservées aux végétaux en général, sont le plus souvent doublées, triplées, quelquefois centuplées pour les plantes exotiques. Ayant à lutter contre un sol rebelle, un climat antipathique à leur nature, contre mille circonstances défavorables, les végétaux transplantés sous un ciel étranger vivent rarement d'une vie normale, lorsqu'ils vivent ; les uns traînent une existence maladive dans les serres, d'autres s'acclimatent, mais restent à peine l'ombre deux-mêmes : ceux-ci de vivaces deviennent annuels, ceux-là changent les conditions de leur végétation dans le sens contraire ; tous, à peu d'exceptions près, éprouvent des changements notables dans leur manière d'être. J'ajoute que ces changements exercent presque toujours une influence fâcheuse sur l'organisation des plantes.

Après cet exposé rapide et nécessairement très-incomplet de quelques vues générales qui trouveront leur application, on sera peut-être moins étonné d'entendre parler très-sérieusement des *maladies* des pommes de terre, et de voir qu'on se sert, pour communiquer ses idées à ce sujet, de termes que pourrait employer un artiste vétérinaire, par exemple, en parlant des maladies des chevaux, etc. En effet, la pomme de terre est non-seulement une plante, mais une plante exotique, comme on sait. La médecine nous fournira la division la plus générale des maladies : lorsque nous les considérerons comme attaquant des parties ou des organes sensibles à la vue, nous les qualifierons d'*externes ;* celles dont le siège échappera, au contraire, à nos sens, s'appelleront les maladies *internes.* Les principales maladies des pommes de terre viendront se classer sous l'une ou l'autre de ces dénominations. Quand j'aurai fait connaître les symptômes caractéristiques de ces maladies, nous en chercherons les causes, nous indiquerons les remèdes à appliquer au mal existant, quant aux moyens d'en prévenir le retour, ils viendront naturellement clore la série de ces recherches.

CHAPITRE II.

MALADIES EXTERNES.

Les maladies externes des pommes de terre sont de deux sortes, et ont reçu deux noms différents, selon les caractères distinctifs qu'on leur a reconnus : l'une, attaquant les tiges et les feuilles qui se crêpent, se frisent sous son influence maligne, on l'appelle *frisolée;* l'autre, se montrant plus particuliérement sur la peau des tubercules sous la forme d'une croûte ou d'un bubon, est désignée par le nom d'*eschare*, ou celui de *variole,* suivant la nature de l'affection. Nous consacrerons un paragraphe particulier à chacune.

Quoique ces maladies soient heureusement fort rares, qu'elles semblent procéder de causes particuliéres, locales et passagéres, qu'elles ne paraissent pas offrir le caractère de la contagion, et qu'elles n'aient peut-être rien de commun avec l'épidémie régnante; je ne crois pas hors de propos d'en dire un mot. Il est bon de ne pas confondre des altérations qui peuvent avoir des airs de parenté, mais dont les suites doivent être fort différentes, ne fût-ce que pour ne pas s'alarmer inutilement ou se bercer d'une sécurité trompeuse et fatale.

§ I. Frisolée.

Cette maladie paraît avoir été observée pour la première fois dans les Pays-Bas, en 1771; d'après les symptômes extérieurs on l'appela la *frisure.* En effet, aux termes d'un mémoire payé 1200 fr. par l'ancienne académie de Bruxelles, les feuilles et les pétioles des pommes de terre attaquées se crêpaient, prenant la forme d'une frisure. Les pieds malades ne produisaient qu'un petit nombre de tubercules chétifs et de mauvaise qualité.

En 1780, 1781 et 1782, elle fit des ravages considérables en Allemagne, particuliérement dans les provinces rhénanes où elle dévasta des plaines entières; depuis, elle a reparu dans la Bohême. Voici le signalement qu'en donne W. Loebe: « Le vert naturel des parties aériennes pâlit d'abord, puis passe successivement par les différentes nuances du jaune jusqu'à la couleur de rouille; des taches de roussi pénétrent dans l'intérieur des tiges; les feuilles et les pétioles tombent le long des souches, se frisent en se roulant sur eux-mêmes ; les tubercules en souffrent plus ou moins, selon l'époque de l'invasion de la maladie ; en général, ils ont la chair fouettée d'un jaune pâle mêlé de brun, sont gras et peu agréables au palais. »

Dans un mémoire adressé à la Société Royale et Centrale d'agriculture de France, l'auteur du *Nouveau Cours d'agriculture* décrit ainsi les symptômes de la *frisolée* : « Les disques ou segments des feuilles, dit-il, ridés, comme crépus, sont d'un plus petit diamètre que dans l'état naturel ; leur surface est rude, sèche ; les pétioles et les pétiolules sont plus longs que dans l'état ordinaire ; tout l'ensemble de la feuille, au lieu d'être étalé, se rapproche de la tige et est tombant ; peu de temps après, le vert de la feuille déjà altéré, s'altère plus sensiblement, des taches jaunes se montrent prématurément et plus tôt que dans la végétation normale, en outre, la *fane* est plus promptement faite. Dans les fanes habituelles, le jaune se prononce d'une manière générale sur toute la feuille ; ici, au contraire, les disques ou lames sont d'abord plaqués de vert et de jaune. »

Quant aux causes de cette maladie, il est difficile de se former une opinion raisonnée sur ce point, en l'absence d'observations suivies. Le premier des trois écrivains que je viens de citer, les trouve dans la dégénérescence des espèces ; le deuxième ne se prononce pas ; le troisième les voyait d'abord dans une altération de la sève dont il ne déterminait pas la source ; depuis, ayant adopté l'idée de M. de Martius, de Munich, sur la cause de l'épidémie régnante, idée tant caressée par les savants belges et français, et voulant sans doute, ramener à une cause unique toutes les maladies des pommes de terre, ce dernier s'est ravisé ; il attribue maintenant la *frisolée* à la présence d'un champignon ; il n'y voit plus qu'un symptôme du mal qui sévit depuis six mois sur nos pommes de terre.

4

Si j'ajoute que d'autres accusent du méfait des larves, des animalcules, des cirons..., qui n'en peuvent peut-être mais, dont la culpabilité est, en tout cas, loin d'être admise par la majorité du jury scientifique, on comprendra qu'il est impossible d'assigner une cause certaine à cette affection.

Depuis l'invasion de la maladie des pommes de terre dans nos contrées, on a souvent parlé des influences atmosphériques et météorologiques : pour rendre raison du phénomène, on a tour à tour fait intervenir nuages, pluies, vent, brouillards, variations de température, courants électriques, gelées...., pluies et gelées surtout. Hé bien ! s'il m'était permis de hasarder une conjecture sur cette question obscure, je dirais qu'il est probable que la *frisolée* a pour cause l'action anormale d'un ou de plusieurs de ces agents mystérieux.

D'ailleurs, que cette cause soit la véritable ou non, il paraît certain qu'il n'existe aucune liaison directe entre l'altération du tubercule de la pomme de terre et l'état de ses feuilles, connu sous le nom de *frisolée ;* c'est une affection distincte qui a des symptômes, des caractères, des causes et des effets particuliers et propres. En Allemagne, où cette maladie végétale a été observée sur trois récoltes consécutives, elle a constamment existé d'une façon indépendante, et sans que les tubercules éprouvassent, dans leur végétation, d'autres dérangements que ceux résultant naturellement de la privation de l'herbe. L'an passé, au contraire, le mal paraît avoir commencé aux tubercules et réagi par contrecoup sur les parties aériennes. Nous verrons plus tard comment des cas de *frisolée* et d'une autre maladie des pommes de terre confondus avec les accidents de l'épidémie principale, ont porté la confusion sur ce terrain, en donnant lieu à des observations contradictoires.

En somme, la maladie appelée *frisolée* a besoin d'être mieux étudiée, avant qu'il soit possible d'asseoir sur ce

point autre chose que des opinions contestables, des hypo-
thèses plus ou moins ingénieuses ; mais il est à désirer que
l'occasion de compléter cette étude nous manque longtemps,
toujours !

§ 2. Variole, Eschare.

« Il est assez généralement connu, dit un auteur allemand, que les pommes de terre sont sujettes à une éruption
particulière qu'on désigne par les noms de variole, d'eschare, de gale, lèpre.... Les tubercules atteints de cette
affection portent sur la peau des taches d'un jaune sale, et
aux endroits tachés l'épiderme est crevassé. Un examen
attentif fait reconnaître dans le tissu de la peau une infinité
de petits vers blancs, longs d'environ deux lignes, et de
la grosseur d'un fil à coudre, qui y séjournent et s'y
frayent des passages en tous sens. »

Au dire de plusieurs agronomes saxons, dont l'opinion
a été consignée en 1840, dans un journal allemand, la
maladie consisterait chez eux dans des bubons bleus dus à
la présence de larves qui, au bout de quelque temps, se
changeraient en moucherons. Les tubercules obtenus par
semis n'échapperaient même pas à cette affection épidermique.

Partout où la maladie a été observée, on a constaté les
mêmes symptômes, reconnu des caractères à peu près
identiques à ceux-là ; seulement, au lieu de larves ou de
vers, quelques-uns ont trouvé dans les bubons une poussière
noirâtre ou une substance liquide, qu'ils croient être de
la solanine, et sous les croûtes une matière sèche d'un
brun foncé, le plus souvent couverte de moisissure.

Le naturaliste Wallroth, précise davantage les symptômes caractéristiques de cette maladie. « A l'automne,
dit-il, avant la complète maturité des pommes de terre,
on remarque sur les tubercules des taches d'un brun sale ;

elles sont d'ordinaire d'une faible apparence, et échappent pour cette raison à l'observation ; parfois cependant elles sont plus visibles et tellement nombreuses, qu'elles ne peuvent passer inaperçues ; elles affectent alors la forme d'une verrue, d'un bubon ou d'une autre affection cutanée.

» Les bubons ne subsistent pas longtemps, ils s'allongent bientôt et crèvent aux deux extrémités ; la peau distendue, laissée libre par l'écoulement d'une substance liquide, s'attache au tissu sous épidermique, qui se déprime aux places attaquées. En coupant un tubercule verticalement par le milieu du bubon, on trouve que la profondeur de la plaie est égale à la base de ce dernier.

» On rencontre ces bubons sur toutes les parties de la surface des pommes de terre, sans différence sensible entre les tubercules qui sont plus enfoncés dans le sol et ceux qui le sont moins, soit uniformément par taches isolées, soit par groupes irréguliers, toujours avec une tendance bien prononcée de la part des bubons, à se fondre les uns avec les autres. Plus ces rapprochements et cette fusion s'opèrent, plus aussi le tubercule éprouve d'altérations ; au dernier degré du mal, le tubercule est comme enduit d'un mélange de substances hétérogènes, tant il est crevassé en tous sens et couvert de croûtes terreuses. »

De ce qui précède, il résulte clairement, ce me semble, d'abord, que quelques agronomes allemands regardent à tort l'eschare et la variole comme deux maladies différentes ; chacun de ces noms correspond à une période de la même affection qui commence par un bubon et se termine par une croûte, en laissant des traces plus ou moins profondes de son passage.

Il en résulte, en second lieu, que les observateurs ne sont pas d'accord sur la cause de cette maladie. Une chose cependant est remarquable à cet égard, c'est que chacun rend compte de ce qu'il a vu, de l'opinion qu'il fonde sur ses observations, sans prétendre infirmer en aucune façon des faits avancés par d'autres ni combattre les opinions divergentes. Que conclure de cette courtoisie vraiment extraordinaire entre savants ou hommes spéciaux , chez nos voisins surtout *, dans le champ clos des discussions publiques? Qu'ils comprenaient, qu'ils voulaient convenir, tacitement du moins , que la cause de cette maladie peut être multiple? Que , dans une question où il suffit d'avoir des yeux et de s'en servir avec un peu d'intelligence, chaque fait observé a sa valeur....? Pourquoi pas? Le procédé serait rare , je le répète, mais je ne le crois pas impossible.

Quoi qu'il en soit, si telle est la raison de cette réserve phénoménale, je me rangerai volontiers à leur avis. Il est en effet très-possible que le mal , produit, ici, par une larve, soit, plus loin, l'ouvrage d'un insecte, ailleurs, le résultat de l'action d'une végétation cryptogamique, d'un venin....

Remarquons aussi que cette maladie paraît n'influer sur l'économie générale de la plante, qu'à la dernière période du mal.

Ce que je viens de dire des maladies externes, heureusement assez rares pour être presque inconnues, était nécessaire comme on le verra, pour éclaircir la question principale, la cause de l'épidémie régnante ; mais ce que j'ai dit, suffisant à mon sujet, j'ai hâte de passer aux maladies internes.

* On trouve dans le *National* du 4 mars 1846, des échantillons curieux du langage polémique de M. Liebig, chimiste très-instruit de Giessen, chef d'une école nombreuse, et connu en Europe par de nombreux travaux. Ses adversaires ne sont rien moins que des *menteurs éhontés, des voleurs de grand chemin et des coqs perchés sur un fumier.*

Veut-on savoir à quel propos ces invectives? C'est au sujet du..... *nitrite d'oxyde d'ethyle,* et de je ne sais quelle autre découverte problématique. O chimistes allemands !

CHAPITRE III.

MALADIES INTERNES.

De même que les affections de la peau et des parties aériennes, les maladies internes des pommes de terre ne présentent pas toujours des caractères identiques ; quoique également dangereuses, elles sévissent d'une manière différente ; elles consistent dans une dissolution putride avancée de l'organisme des tubercules ; mais cette dissolution se résout en deux sortes de putridité de nature différente, l'une sèche, l'autre aqueuse.

Il est donc nécessaire d'examiner séparément chacune de ces maladies, ou chaque face du même mal ; nous le ferons dans deux paragraphes distincts. Nous étudierons d'abord la pourriture ordinaire sous la dénomination de *putrilage* ; l'épidémie régnante viendra après et occupera une place plus étendue sous le titre de *dessiccation putride ou gangrène sèche*.

Les maladies internes peuvent naître et parcourir les différentes périodes de leur action dissolvante, sous l'une et l'autre forme, soit dans les champs avant la récolte, soit dans les magasins, soit encore après la plantation.

§ 1. Putrilage.

De tout temps on a eu occasion de constater des cas individuels de pourriture plus ou moins avancée ; mais jamais, pas même en 1816, elle n'a présenté les caractères de dissolution générale du putrilage actuel. Ces caractères sont tels que les cultivateurs s'alarment avec raison sur l'avenir du précieux tubercule. Cette maladie ayant principalement sévi en Allemagne, c'est aussi là qu'elle a été le mieux observée.

Le docteur Kahlert dit : « La putréfaction aqueuse, que

nous nommerions volontiers un chancre rongeant, qui gâte et attaque tout ce qu'il touche, est une altération putride, une décomposition, une dissolution sanieuse de la substance des tubercules ; les pommes de terre attaquées deviennent d'abord spongieuses, puis aqueuses et molles, s'écrasant comme des fruits pourris ; elles puent et communiquent le mal aux tubercules sains, en sorte que la pourriture gagne un tas entier en peu de temps. »

Des agronomes de la Bohême et d'autres parties de l'Allemagne ont remarqué :

Que depuis quelques années, les pommes de terre laissent échapper une plus grande quantité de vapeurs, après la récolte, vapeurs qui, n'étant plus absorbées, déterminent la pourriture ;

Que les tubercules malades ont un aspect flasque, se dépouillent aisément de l'épiderme, et cèdent à la pression comme une éponge ; que la couche sous épidermique est verte, souvent noire ou brune ;

Qu'ils pourrissent en terre peu de temps après la plantation, sans avoir germé : ou bien qu'ils se putrilagent après avoir produit, soit en terre, soit dans la cave, sur un point d'insertion une petite pomme de terre.

M. Pinckert raconte qu'un de ses voisins planta, en 1841, de deux sortes de pommes de terre, d'une espèce fourragère, et d'une autre appelée alouette. Quoique mises dans le même champ, partout d'égale qualité, les premières poussèrent régulièrement, et fournirent une végétation pleine de santé et de force, tandis que près de la moitié des alouettes ne leva point, et que l'autre produisit des tiges étiolées et d'un aspect maladif. En 1842, on planta de nouveau et de la même façon de ces pommes de terre languissantes avec les fourragères ; les alouettes offrirent les mêmes symptômes, à cela près que le mal avait fait un pas de plus. On s'est chaque fois convaincu que les tubercules qui n'avaient pas poussé étaient putrilagés, et que ceux qui avaient conservé la force de produire des fanes chétives, étaient atteints de pourriture sur plusieurs points seulement; l'herbe se flétrit prématurément, et le produit se réduisit à quelques avortons. Le même agronome dit avoir constaté des faits semblables sur d'autres plantations.

On sait de reste par expérience, que les pertes éprouvées sur la dernière récolte, doivent être attribuées en partie au putrilage. Une note communiquée à la Société Royale et Centrale d'agriculture, par M. Royer, le 3 décembre, prouve que les départements ravagés, n'ont pas été à l'abri de ses atteintes. « Un propriétaire, y est-il dit, ayant un silo où il se trouvait une assez grande quantité de pommes de terre gâtées, y a remarqué un écoulement d'eau considérable ; les années précédentes il lui était arrivé d'avoir des silos de pommes de terre pourries, mais il n'y avait pas d'écoulement d'eau » ....

Il serait difficile d'établir exactement dans quelle proportion les ravages ont été causés par le putrilage proprement dit, et la gangrène sèche ; car l'on a généralement négligé de faire la distinction entre ces deux maladies. Nous venons de reconnaître les principaux caractères de l'une ; nous allons, en étudiant ceux de la dessiccation putride, nous convaincre qu'il y a des différences bien caractéristiques entre ces deux affections.

§ 2. Gangrène sèche.

En abordant la seconde maladie interne qui constitue, proprement parlant, l'épidémie régnante, j'éprouve un embarras bien différent de celui que je n'ai pu dissimuler jusqu'à présent : plus de cent écrivains, chimistes et agriculteurs, se sont occupés de cette question importante ; la difficulté naît ici de l'abondance et de la variété des matériaux. Essayons d'en faire un choix qui mette le lecteur à même de prononcer, en connaissance de cause, entre les opinions également consciencieuses, mais souvent contradictoires. Les auteurs allemands, dont quelques-uns ont publié leurs remarques dès 1841, nous fourniront naturellement, les premiers, leur contingent.

« Nous nommons dessiccation putride ou gangrène sèche, dit M. Kahlert, un dépérissement général du tubercule, une complète désorganisation de son tissu, un dessèchement absolu en lui-même. Les pommes de terre attaquées offrent des taches blanchâtres et fauves (taches de rouille), elles sont flétries, desséchées comme du papier ; c'est un être privé de ses principes, sans goût ni saveur, sans vie ; c'est, pour ainsi parler, un corps vide de sang, un cadavre. »

Un agronome du duché de Nassau s'exprime ainsi : « Les pommes de terre malades portent, dès la récolte, des taches rougeâtres sur l'épiderme ; après un court séjour dans la cave, elles se rident, se dessèchent intérieurement et deviennent spongieuses ; plus tard, les taches se couvrent de moisissure, et on remarque une odeur désagréable ; les tubercules malades coupés en deux offrent un aspect *glacé ;* la substance en est séreuse et d'une odeur putride. »

M. Pinckert résume de la manière suivante ses propres observations à cet égard, et celles de quelques autres agronomes :

« La gangrène sèche des pommes de terre, arrivée à la période de l'entière décomposition des substances, présente les caractères suivants, que j'ai maintes fois constatés, soit dans les champs après la plantation, soit dans les magasins : les tubercules ont sensiblement perdu de leur volume ; la pulpe en est brunâtre, coriace, ne cuit plus, a une odeur de relent, la saveur acide de l'eau croupie, et n'est plus propre à aucun usage domestique. En coupant ces tubercules, on remarque néanmoins des parties amy-

lacées qui semblent conservées au milieu des autres substances ; le tout forme une masse sèche, sans principe
vital, d'une couleur brune tirant sur le gris, et portant
comme des traces de combustion. »

Les auteurs français ont décrit les caractères de cette
maladie avec plus de précision encore :

« L'altération spéciale, dit M. Payen, est nettement
caractérisée, dès qu'elle envahit les tubercules.... Sur un
grand nombre de pieds, plusieurs parties du feuillage et
des tiges aériennes sont restées vivantes ; les tubercules
eux-mêmes n'offrent aucun signe de fermentation ni de
disjonction dans leur tissu : ces derniers sont fermes et sains
en apparence, nous dirions presque en réalité, si dès-lors
on ne pouvait facilement constater en eux un phénomène
remarquable, source d'altérations ultérieures.

» Si l'on coupe en deux l'un de ces tubercules envahis,
on apercevra généralement, depuis l'insertion de la tige
caulinaire, des taches rousses qui s'étendent dans la partie
corticale, souvent jusqu'au tiers ou à la moitié de la longueur des pommes de terre dites longues ; cette coloration
irrégulière est presque toujours disséminée tout autour de
l'écorce des pommes de terre rondes.... »

On sait que M. Payen attribue le mal à une végétation
parasite. M. Decaisne, qui combat cette opinion, décrit
à son tour les caractères que présentent les tubercules
malades.

« En général, dit-il[*], le tubercule commence à s'altérer
dans la région voisine du point d'insertion, mais ce caractère n'est pas sans exception ; il m'est arrivé de retirer du
sol des tubercules chez lesquels l'altération se manifestait
précisément au point opposé ; d'autres fois enfin, et c'est,
je crois, le cas le plus ordinaire, le tubercule présente des
taches disposées très-irrégulièrement, et sans connexion

---

[*] Histoire de la maladie des pommes de terre en 1845.

avec les yeux. Ces taches quelquefois à peine visibles, s'é-
tendent sur tout le tubercule de manière à lui donner
seulement une teinte plus foncée et presque terreuse.

» Si l'on coupe un de ces tubercules, on remarque à la
périphérie une teinte brune qui indique le premier degré
d'altération.

» Cette couleur brune est surtout prononcée vers l'extérieur ; plus tard, elle s'avance vers l'intérieur, et, avec un
peu d'attention, on ne tarde pas à l'observer sur des points
circonscrits, entièrement entourés de tissus encore sains ;
cette coloration brune s'arrête le plus ordinairement à un
ou deux millimètres au-dessous de l'épiderme. Plus rarement on la voit atteindre le cercle ligneux ou vasculaire
qui, dans les variétés violettes ou bleues, limite assez régulièrement la coloration. Cet enduit brun des cellules ne
forme pas de plaques continues ; en effet, si on les examine
avec attention, à l'aide d'une simple loupe, on voit que
la coloration est plus intense sur certains points, et qu'elle
s'étend et disparaît à mesure qu'elle s'en éloigne ; pour se
fondre avec les autres utricules voisines, soit saines, soit
colorées. »

Plusieurs auteurs, tant français qu'étrangers, ont aussi
cru reconnaître dans cette maladie différentes périodes dis-
tinctes. Chaque degré d'intensité du mal serait marqué par
une teinte plus foncée de la matière brune, par une aug-
mentation de cette même matière, et quelques autres
circonstances qui paraissent n'avoir qu'une importance
relative, selon le système adopté par chacun pour expliquer la cause de l'altération ; puisque l'un en omet souvent
de fort importantes aux yeux de son adversaire, ou glisse
légèrement sur celles que d'autres ont jugées fondamen-
tales.

Quoi qu'il en soit, tels sont les caractères que présentent
les tubercules attaqués de la gangrène sèche. En France ,

ils paraissent n'avoir été constatés qu'au moment de la dernière récolte, ou peu de temps après. Un procédé très-simple m'a permis de vérifier si les caractères observés à cette époque n'ont éprouvé aucun changement notable, et de compléter les renseignements à cet égard, autant du moins que cela est possible, sans le secours du microscope et de connaissances pratiques sur l'anatomie végétale.

A mesure qu'on trouvait des tubercules attaqués, je les mettais de côté, en prenant note du jour où ils avaient été aperçus. La provision qui les a fournis a été récoltée dans une terre argilo-siliceuse ; elle n'a été mise en cave qu'au 15 novembre, savoir : quatre hectolitres de *Faulquemones* dans un endroit obscur, trois hectolitres de *Baudouines*, et autant de *Cornes*, dans un coin parfaitement éclairé et aéré. Dans ces dix hectolitres, on a trouvé jusqu'à ce jour, c'est-à-dire pendant quatre mois, vingt litres de tubercules attaqués, dont les deux tiers l'ont été du 15 février au 15 mars : tous le sont à différents degrés de la gangrène sèche. En les coupant en deux l'un après l'autre, j'ai été amené, par cette opération, aux résultats suivants :

Sur treize *Cornes*, trois ont l'intégralité de la pulpe gâtée, elle est d'un brun tellement foncé, qu'il paraît noir chez l'une ; les autres ont sous l'épiderme un cercle brun d'une à deux lignes tout autour, et l'intérieur irrégulièrement fouetté de marbrures de la même nuance.

De quarante *Baudouines* grosses comme un œuf d'oie, quinze présentent les mêmes caractères que les trois *Cornes*, à cela près pourtant qu'elles ont intérieurement un ou plusieurs creux à pouvoir y loger une noisette, dont quelques-uns portent une espèce de moisissure jaune clair ou blanche et rose ; le reste porte le cercle brun sous la peau, mais n'a pas de taches dans l'intérieur.

Cent *Faulquemones* de belle grosseur en donnent vingt-cinq attaquées au même degré et de la même façon que les trois *Cornes ;* le surplus des tubercules est entouré du cercle sous-épidermique remarqué sur une partie des deux autres espèces. Tous les tubercules dont la chair intérieure n'est pas tachée, ont au-dedans un aspect *glacé, vitreux,* et sont cassants comme du verre ; chez ceux de la dernière espèce on remarque en outre cette particularité : la chair naturellement d'une teinte jaune, veinée de rose, en est devenue d'un blanc laiteux. L'odeur de ces tubercules est celle d'un fruit pourri ; elle est peu sensible. Un grand nombre présente une apparence de parfaite conservation ; les autres sont plus ou moins ridés ou tachés.

Les résultats de cet examen établissent deux choses : l'invariabilité des caractères de l'affection, et les progrès du mal après la récolte. Les pommes de terre parmi lesquelles se sont trouvés les tubercules malades, ont été choisies fort tard dans un tas qui avait été l'objet de soins particuliers, et traitées depuis avec beaucoup de précautions, sans que le germe du mal pût être étouffé, ni le développement en être arrêté.

Après ces recherches sur les caractères des maladies externes et internes des pommes de terre, nous arrivons à la question la plus importante, aux causes de ces affections ; car la cause du mal connue, le remède ne manquera sans doute pas, et l'effet sera, si non complètement évité, du moins considérablement amorti.

CHAPITRE IV.

DES CAUSES DES MALADIES DES POMMES DE TERRE EN GÉNÉRAL.

Dans les pays où la maladie régnante s'est déclarée pour la première fois, l'an passé, deux opinions ont été émises dès le principe, et soutenues depuis, sur la cause probable de cette affection végétale. M. Merren, à Liége, M. Payen, à Paris, après M. de Martius, de Munich, et avec eux plusieurs autres savants des deux pays admettent comme cause immédiate et principale le développement, sur les tubercules malades, d'une végétation parasite, cryptogamique ; une autre opinion, ayant pour principal interprète M. Decaisne, nie formellement l'action délétère du champignon, soit en n'indiquant aucune cause, soit en la rapportant à l'altération de la sève des fanes, altération qui aurait été produite par des gelées blanches, de brusques variations de température, l'humidité extraordinaire, et d'autres influences atmosphériques et météorologiques, ou à la présence dans le tissu cellulaire des tubercules, de légions d'insectes microscopiques.

En Allemagne, où la maladie a été l'objet d'observations scrupuleuses non interrompues depuis 1839, on s'accorde généralement aujourd'hui à voir la cause immédiate du mal dans une dégénérescence de la plante. Nous traiterons ce point dans le chapitre suivant.

Quant aux opinions qui partagent les savants français et belges, lors même qu'elles aboutiraient à une conclusion pratique, il n'y aurait aucune raison pour préférer un système à un autre. Le pour et le contre établis avec un égal talent, s'appuient de part et d'autre sur des raisonnements fort spécieux, mais dont l'enchaînement n'est pas toujours incontestable, dont peu de personnes surtout peuvent vérifier les éléments. Nous éviterons ce terrain stérile pour la pratique, et glissant pour la science même. Mais ne pourrions-nous puiser dans les caractères des maladies l'explication de l'apparente contradiction qui existe entre les différents systèmes ? Ne serait-ce pas l'histoire des deux chevaliers qui, en présence d'un bouclier que chacun voyait d'un point opposé, allaient tirer l'épée pour soutenir, l'un qu'il était d'or, l'autre d'argent, lorsqu'un voyageur leur fit remarquer qu'il avait, d'un côté, la couleur du premier, de l'autre, celle du second de ces métaux ?

Je n'ai pas la prétention de me poser en arbitre dans un conflit de cette importance, je veux seulement soumettre au lecteur une réflexion qui se présente à ma pensée, trop heureux si je pouvais mettre sur la voie de la difficulté quelqu'un en état de résoudre cette question délicate.

Il est dit quelque part que « *plusieurs altérations* ont frappé, cette année, les cultures de pommes de terre. » La confusion qui existe dans les idées sur la cause de l'épidémie régnante, ne viendrait-elle pas de ce qu'on a négligé de s'arrêter aux différences indiquées par M. Payen? Il paraît certain que tous les symptômes caractéristiques des maladies auxquelles les pommes de terre sont exposées, ont été rencontrés sur ce végétal l'année dernière. Il est résulté de cette circonstance extraordinaire, que les observations faites sur un point ne s'accordent pas avec celles recueillies ailleurs, qu'elles se détruisent même mutuellement, et laissent la science dans l'impuissance de résoudre le problème.

Ainsi, d'après les faits observés par les uns, le champignon doit être considéré comme la source de tout le mal; les autres ont constaté la présence certaine des animalcules; ceux-ci n'ont pu se tromper sur l'état des feuilles et des tiges, tantôt saines avec des tubercules attaqués sous terre, tantôt « flétries, renversées sur le sol, en proie à la putréfaction spontanée, » sans que les tubercules eussent éprouvé la moindre atteinte; ceux-là ayant rencontré des pieds où l'état maladif des fanes devait se lier à la décomposition des tubercules, en ont conclu avec non moins de raison, que la cause devait être attribuée aux influences atmosphériques.

En étudiant les caractères de la frisolée, nous avons admis que la cause de cette maladie pouvait se trouver exclusivement dans ces influences mystérieuses, tout en reconnaissant que cette affection ne réagit pas sur les tubercules ; les maladies épidermiques peuvent fort bien être provoquées par une végétation parasite, ou par une espèce de vermines infusoires ; un excès d'humidité semble devoir naturellement prédisposer au putrilage ; les phénomènes exceptionnels qui dérangent les combinaisons les plus savantes, ne renfermeraient-ils pas l'explication de la gangrène sèche ? Restituant ainsi à chaque cause sa part dans les ravages de nature différente, éprouvés sur la dernière récolte, on parviendrait peut-être à s'entendre. La dégénérescence aplanira les difficultés qui arrêteraient encore quelques esprits rétifs.

CHAPITRE V.

DÉGÉNÉRESCENCE, CAUSE IMMÉDIATE.

La cause générale, radicale, immédiate de l'épidémie régnante, vient de la dégénérescence des espèces. Quoique les maladies externes et le putrilage aient également une cause prédisposante dans l'affaiblissement du principe vital des tubercules-semences, je considérerai plus particulièrement la dégénérescence comme cause première de la gangrène sèche. Toutes les autres maladies des pommes de terre ont existé localement avant 1845, avant 1839, et peuvent s'expliquer par des causes particulières ; cette dernière seule affecte un caractère général, et l'on doit en chercher l'explication dans une cause inhérente à la plante.

En Allemagne, où la maladie règne, je l'ai dit, depuis six à sept ans, on a fait les remarques suivantes :

On trouve généralement que les pommes de terre ne sont plus aussi farineuses qu'autrefois ; qu'elles cuisent moins bien ; qu'elles ont perdu leur bon goût. « Nos pommes de terre soumises à la cuisson, dit le docteur Kahlert, sont loin de répandre le parfum qui s'en échappait, il y a trente à quarante ans ; elles n'exhalent donc plus l'odeur spécifique que des personnes au nez fin, à l'odorat exercé, ont remarqué jadis, et qu'elles comparent à l'arôme de la vanille, faute d'expression pour la caractériser. »

Les ménagères et les cordons-bleus, compétentes dans la question, prétendent que les pommes de terre cuisent plus inégalement qu'autrefois ; qu'il n'est pas rare d'en trouver qui restent en entier ou partiellement *incuites,* au milieu d'autres réduites en bouillie, et qu'elles sont moins propres aux usages culinaires.

Des personnes qui ont étudié l'anatomie de ce végétal, ont constaté des différences jusque dans la forme extérieure, la couleur de la peau et de la chair, la structure des cellules et une foule d'autres propriétés de cette plante exotique.

D'après des analyses chimiques et des observations faites par des distillateurs et par d'autres fabricants qui emploient ce végétal, il paraîtrait aussi que les pommes de terre contiennent moins de fécule, de gluten, d'amidon, de principes sucrés, en un mot, qu'elles sont considérablement dégénérées de leurs qualités primitives, normales, dans les parties constitutives.

Ces remarques simples ne convaincront pas tout le monde, chez nous, précisément à cause de leur extrême simplicité. Dans notre ignorance sur la pathologie des végétaux en général et du *solanum tuberosum* en particulier, nous voulons du nouveau, de l'extraordinaire, de l'impossible, cherchant ainsi au loin, dans les profondeurs de la science, ce qui est peut-être à la surface des notions les plus vulgaires. Car, enfin, comment expliquerons-nous les changements éprouvés par les pommes de terre, dont quelques uns nous frappent involontairement ? Ne sont-ils pas une preuve irrécusable que cette plante a subi des altérations profondes, mortelles ? Mais continuons.

6

Les pluies, les gelées, etc., dont je ne conteste pas la fâcheuse influence secondaire, ont amené, dit-on, le fléau sur notre récolte de l'année dernière. Mais, outre que cette opinion laisse inexpliqués une foule de phénomènes *, nous ne pouvons adopter ce système pour expli-

* On lit, par exemple, dans une lettre de M. Viguier : « .... J'ai trouvé dans une maison, dont les locataires ont été changés, un petit tas de pommes de terre vieilles et nouvelles, unies entre elles par les tiges. Les vieilles faisaient partie d'une provision déposée dans la cave vers les premiers jours de novembre 1844. On avait mangé la plus grande partie de ces tubercules ; ceux qui font le sujet de mon observation avaient été abandonnés, à cause de leur végétation, sur les planches où on les avait déposés et où je les ai trouvés encore. Il y en avait en tout six kilogrammes, dont huit cents grammes de petites pommes de terre, variant, pour le volume, depuis la grosseur d'un petit pois jusqu'à celle d'une noix. Il y en avait même trois qui ont pesé plus de 60 grammes. Les pommes de terre vieilles sont toutes plus ou moins avariées ; les jeunes, bien que plus légèrement atteintes, n'en sont pas moins malades.

» Ce fait me paraît remarquable : 1° par la constance de la température : la cave est voûtée et le thermomètre accuse 11 degrés 8, la température extérieure étant de plus de 4 degrés ; 2° par la privation d'une trop grande humidité : j'ai dit que les pommes de terre étaient sur des planches, et ces dernières ne touchaient pas la terre de la cave, qui d'ailleurs n'est pas humide ; 3° par la propagation de la maladie des vieilles aux nouvelles ; 4° et surtout par la constance de l'invasion par l'un des points les plus éloignés de l'insertion à la tige, et l'espèce de protection accordée par celle-ci à la portion du tubercule qui l'avoisine. Cette protection est telle, que chez quelques pommes de terre nouvelles, du poids de 15 à 45 grammes, les parties éloignées de la tige sont complètement désorganisées, tandis que celles qui en sont rapprochées sont tout-à-fait saines. »

(*Compte-Rendu des séances de l'Académie des sciences*, 13 *février* 1846, page 345.)

La *Revue agricole* cite une expérience fort concluante aussi, faite par la Société d'Horticulture de Londres, et rapportée dans le *Courrier de Lyon* en ces termes :

« Immédiatement après la récolte des pommes de terre dans l'automne de 1845, il a été planté une certaine quantité de tubercules

quer l'existence et les progrès de cette maladie, en Allemagne, depuis 1839. Tout le monde sait que ce laps de temps a fait passer sur nos climats une série d'années très-différentes en température, depuis la sécheresse jusqu'au déluge de l'an passé ; et puis, si les circonstances atmosphériques qu'on invoque, ont seules, et sans le concours d'une cause préexistante, une influence si destructrice, comment se fait-il que rien de pareil ne soit arrivé depuis l'importation de la pomme de terre sous le ciel de l'Europe ? Les années pluvieuses, les gelées tardives et le reste ne lui ont assurément pas manqué depuis, témoin 1816 et le souvenir de tous ceux qui ont cultivé des pommes de terre.

Attendrons-nous, pour subir la force de cet argument, que nous ayons vu de nos propres yeux les ravages se poursuivre autour de nous ? Il n'y a pas à accuser la différence du sol, de la culture, ou d'autres circonstances semblables ; le sol de l'Allemagne varie comme celui de la France, d'une province à l'autre, mais il n'est pas plus défavorable à la végétation des pommes de terre que le nôtre ; la culture est généralement bien entendue et mieux pratiquée chez nos voisins.

Mais, dit-on encore, les pommes de terre sont cultivées et traitées actuellement comme elles l'ont été depuis cinquante ans ; pourquoi donc voulez-vous qu'elles soient

ne présentant que des traces extrêmement légères de la maladie. La plantation a été placée dans des serres élevées à la température convenable pour assurer la végétation des pommes de terre. Elles ont germé, grandi, fleuri et fructifié, absolument comme dans l'état normal, et il était évident que les symptômes de maladie que présentaient les tubercules plantés étaient trop peu considérables pour nuire en apparence à leur force végétative. Néanmoins, lorsqu'on a fait la récolte des pommes de terre nouvelles produites par ces plantes, on les a trouvées affectées à un haut degré par l'altération de l'année dernière qui s'y propageait rapidement...... »

dégénérées aujourd'hui plutôt qu'il y a vingt-cinq ou trente ans ? Autant vaudrait demander pourquoi un cheval est plus près de sa fin après vingt printemps, qu'à huit ou dix ans ; sans doute, il peut encore vivre et rendre des services à vingt ans, mais un accident insignifiant à son âge de force, détraquera maintenant sa machine usée, privée de la vigueur de résistance. Il en est de même des plantes, surtout des plantes exotiques, comme la pomme de terre. Transplantées, le plus souvent des pays chauds dans des régions septentrionales, exposées aux rigueurs d'un climat, et soumises à une culture pour lesquels elles n'étaient pas nées, ces plantes doivent progressivement s'affaiblir et approcher insensiblement du moment où une dislocation générale sera imminente. Qu'il survienne, à cette heure suprême, une de ces circonstances atmosphériques, qu'elles eussent bravées sans danger dix ans plus tôt, sous le poids desquelles elles eussent fléchi peut-être, mais en disant, dans un autre sens, avec le roseau de la fable :

Je plie et ne romps pas,

qu'il survienne une de ces circonstances, dis-je, et vous serez étonnés, stupéfaits, de la soudaineté avec laquelle se dissoudront ces organes épuisés, énervés, entièrement dégénérés. Le chapitre suivant convaincra, je l'espère, les plus incrédules, que c'est là, malheureusement, l'histoire de nos pommes de terre

Faut-il ajouter à tous ces motifs, que nous avons de regarder la dégénérescence comme la cause première de la maladie régnante, que la pomme de terre n'a probablement pas une existence tellement privilégiée, qu'elle ne doive jamais finir, ou durer des siècles, du moins. Une des lois générales qui régissent les êtres organisés est certainement que, tous seront un jour, tôt ou tard, atteints de la désorganisation, indépendamment même de toute désagrégation violente*. Les chênes séculaires des forêts vierges du Nouveau-Monde meurent de vétusté ; que de races indigènes et autres ont disparu de nos champs et de nos jardins !

Un agronome étranger raconte une étude très-curieuse qu'il a faite à ce sujet, et précisément sur les pommes de terre. Voulant s'assurer si cette plante est sujette à une décroissance sensible dans le cours d'un certain nombre d'années, et, dans ce cas, quelle proportion ascendante et descendante, elle suit dans son développement et son dépérissement, il s'est livré à l'expérience suivante :

S'étant procuré des tubercules provenant de la première année d'un semis, il les planta l'année après ; à la récolte, il en choisit pour la plantation du printemps suivant, et ainsi de suite : ses observations sur cette génération de pommes de terre lui prouvèrent que l'herbe en est plus faible, et les fleurs nulles ou très-rares, pendant les premières années ; que les baies gagnent en nombre et en force jusqu'à une époque qui paraît être l'âge de la plénitude des forces vitales et reproductives ; après une période d'arrêt dans cet état, elle entre dans une progression de décroissance des organes de la reproduction par semence, signe certain de l'affaiblissement des principes vitaux, laquelle décroissance vient aboutir à l'anéantissement absolu des forces de cohésion, et de l'harmonie entre les parties constituantes de la plante, à la décomposition putride.

Pour résumer cette longue discussion des preuves sur lesquelles repose l'opinion qui attribue la maladie régnante à la dégénérescence, je dis donc que ce système s'appuie sur des remarques importantes, concernant les propriétés des pommes de terre ; sur le fait de l'existence et du

---

* On peut puiser et méditer des idées aussi profondes que noblement exprimées sur les êtres organisés, dans le dernier ouvrage de M. F. Lamennais (Esquisse d'une philosophie, tome 4. Pagnerre, 1846).

progrès de la maladie, en Allemagne, depuis plusieurs années, et sur des observations établissant que la décrépitude qui attend tous les êtres organisés, devait atteindre, en Europe, la pomme de terre, vers l'époque où nous vivons.

Il résulte de ce faisceau de preuves, que le doute n'est malheureusement plus possible, sur la dégénérescence des pommes de terre, hypothèse, ne fût-ce qu'une hypothèse, beaucoup plus large, d'ailleurs plus féconde en raisons, comme on voit, que ne le prétend **M. Decaisne** *.

Quelques objections de détail, élevées contre cette opinion, qui a pris dans mon esprit la consistance d'une conviction profonde, rentrant plus particulièrement dans l'ordre des causes secondaires ou occasionnelles, seront résolues dans les deux chapitres qui vont terminer la première partie de mon travail.

CHAPITRE VI.

CAUSE MÉDIATE, MAUVAISE CULTURE.

Nous venons de voir que, à moins de fermer les yeux à la lumière, à moins de parti pris d'avance et *quand même*, il est impossible de nier la haute, l'évidente probabilité de l'existence d'une altération radicale, d'une profonde dégénérescence des pommes de terre en Europe. Nous avons vu aussi que cette plante, ne jouissant, comme tous les êtres organisés, que d'une certaine dose de vitalité, à partir de sa naissance de la graine, doit s'épuiser à la longue, et finir par la décomposition putride.

Tout cela me semble vrai, incontestable; mais des recherches consciencieuses ont fixé dans mon esprit une autre

---

* Cet auteur donne, du reste, de très-sages et de fort utiles conseils aux cultivateurs.

conviction non moins énergique, c'est que l'état actuel des tubercules du précieux végétal n'a pas été amené par le cours régulier de la végétation, mais préparé, hâté par des causes plus ou moins éloignées. Quelles sont-elles?

La réponse à cette question se présente d'elle-même, et la pensée du lecteur préviendra certainement la marche de ma plume. En effet, les premières semences nous étant parvenues saines et pleines de vie, la mauvaise culture seule a pu précipiter à ce point l'abâtardissement des espèces. Et quand je dis culture, je donne à ce mot la signification la plus étendue; j'entends parler du choix et de la composition de la terre, du labour, de la fumure, du choix de la semence, de la plantation, des travaux pendant la végétation, de la récolte, de la conservation des tubercules, de tous les soins enfin, relatifs à la pomme de terre, d'une année à l'autre. En cherchant à nous rendre compte de l'influence de ces soins sur la nature de ce tubercule, et de la part qui doit être attribuée à la culture dans les effets désastreux dont nous sommes menacés, nous conserverons la division que je viens d'indiquer, basée sur l'ordre dans lequel les travaux s'exécutent.

§ I. Terre.

Quoique notre liberté dans le choix du sol soit généralement fort limitée, que nous soyons obligés de l'accepter tel que la nature nous l'offre, il est bon de rechercher lequel convient à la pomme de terre, parce que l'art est souvent assez puissant pour corriger ou aider la nature, et aussi parce qu'il faudrait renoncer à lutter contre elle, là où l'inutilité de nos efforts serait avérée. Rien n'est plus fait pour nous conduire à cette connaissance, que l'étude du sol de la patrie de cette plante exotique.

La pomme de terre nous vient originairement de l'Amérique méridionale, comme on sait. Sans entrer dans la discussion des opinions, sur le lieu précis où elle a été trouvée d'abord, nous pouvons admettre, avec des autorités respectables, que la première semence apportée en Europe, venait du Chili*, de l'archipel de Chiloë, ou du Pérou**. La plante y est indigène, mais ne se rencontre guère, surtout dans l'état de nature, c'est-à-dire sauvage, qu'au bord de la mer, rarement un peu avant dans les terres. De la composition du sol de cette partie de l'Amérique en général, et de celle des terrains particulièrement affectionnés par la pomme de terre, nous pouvons conclure que la nature de cette dernière demande une terre légère, meuble, sablonneuse, également propre à recevoir et à rendre les éléments nécessaires à la végétation.

Ces quelques lignes suffiront pour rendre évidente une vérité dont personne ne doute, je pense, savoir que peu de terres un France, sont entièrement favorables à la culture des pommes de terre, et que beaucoup sont tellement contraires aux besoins de ce végétal, qu'il y aurait folie de persister à l'y cultiver en grand.

Ajoutez à la considération tirée de la composition du sol, les circonstances importantes du climat et de l'atmosphère

---

* Le Chili s'étend du 24e parallèle de latitude sud au 44e, y compris l'archipel de Chiloë ou Chonos, sur la côte occidentale de l'Amérique méridionale, entre la chaîne des Andes et l'Océan. Le sol du Chili, composé d'une couche d'alluvion, sur laquelle repose une autre couche formée des débris des roches primitives des montagnes, est presque partout d'une fertilité extraordinaire. On y recueille en abondance les céréales d'Europe, et quelques autres particulières au pays, tous les fruits des contrées équinoxiales, des pêches, des coings, des melons et autres fruits des régions tempérées, du sucre, du tabac, du coton, du manioc, de la racine duquel on fabrique une espèce de pain appelé *cassave*, etc. C'est au Chili que nous devons la fraise ananas; la pomme de terre y est indigène. (De Rienzi et autres).

** Si Drake l'a rapportée de la Virginie, elle y avait probablement été importée de l'une de ces contrées.

si capricieuse, dans nos pays déboisés, et vous n'aurez aucune peine à convenir avec moi que la pomme de terre a fait un premier pas vers sa dégénérescence, en entrant sous le ciel blafard de l'Europe.

§ II. Labour.

Nous verrons, plus tard, à quel point il est possible de remédier à la mauvaise qualité du sol ; mais avons-nous au moins donné à cette terre ingrate les labours convenables ? je ne le crois pas. Voici sur ce point l'avis de M. Royer, inspecteur d'agriculture : « Une plante (la pomme de terre), dit-il, qui devrait être le moyen et le pivot de toute bonne culture...., est tombée chez nous, à ce qu'il semble, dans un tel état d'abandon et de mépris, que son altération.... n'est peut-être qu'un juste châtiment infligé par la Providence.

» Sur la terre la plus sale et la plus épuisée, on donne souvent un seul mauvais labour de printemps ; heureux, quand l'usage, digne des sauvages, de disposer le sol en larges billons bombés, sous prétexte de l'assainir, n'enlève pas aux deux tiers du champ le peu de terre végétale que la nature y avait déposée *. »

De bons labours étaient cependant d'autant plus néces-saires, que le sol est moins propre à la culture de cette plante. C'est dans la terre que ce végétal puise sa première, sa principale nourriture ; mais une grande partie de cette nourriture devant y être déposée par l'air atmosphérique, il est évident que de rares et mauvais labours n'atteignent pas le premier but qu'on doit se proposer en labourant la terre, celui de rendre facile le contact de ses moindres parties, avec cet agent fertilisant. Dans les couches infé-rieures qu'on ne remue jamais, la plante ne rencontre aucune nourriture.

* Journal d'agriculture pratique, octobre 1845.

7

Une terre non meuble expose d'ailleurs les tubercules-semences, et, après eux, les germes, s'ils poussent, à une action fort nuisible, en laissant circuler, sans profit pour le sol qui se dessèche, des courants d'air entre les mottes mal brisées.

Je pourrais ajouter une longue liste d'autres inconvénients qui résultent pour la plante, de l'insuffisance et de la mauvaise exécution des labours ; mais j'en ai dit assez pour faire comprendre que là aussi est une source de dégénérescence pour la pomme de terre.

§ III. Fumure.

La manière dont l'engrais est employé dans la culture des pommes de terre, est peut-être une cause de dégénérescence plus active encore que la négligence avec laquelle on laboure la terre.

Tous les agronomes indiquent, comme le meilleur, le mode qui consiste à mettre l'engrais immédiatement en contact avec les tubercules-semences *. « Dans le courant d'avril, disent les auteurs de la *Maison Rustique de* 1840, on trace une raie la plus droite possible, deux enfants, ou deux femmes munies chacune d'un panier, suivent la charrue, l'une pour jeter la pomme de terre, l'autre du fumier par-dessus.... La culture à bras est pratiquée en faisant des rigoles ou des trous plus ou moins profonds et larges, dans lesquels on jette la pomme de terre et le fumier qu'on recouvre ensuite.... »

C'est aussi ce qui se pratique généralement. Dans la culture en petit, où le mal sera plus sensible, la prescription est suivie littéralement. Ce mode me paraît vicieux.

Qu'on ne se hâte pas trop de m'accuser de témérité, pour

---

* Dans un *Avis aux cultivateurs* émanant du ministère, on recommande de fumer abondamment, en employant autant que possible 40 à 60,000 kilog. au moins de bon fumier, par hectare (1845).

oser ainsi contredire des hommes spéciaux, et critiquer une pratique générale ! D'abord, la pratique s'est-elle jamais demandé quel peut être l'effet éloigné de la fumure sur les pommes de terre ? Produire, produire beaucoup, produire encore, toujours, voilà ce qu'elle veut, ce qu'il lui faut, le seul problème qu'elle ait songé à résoudre.

D'un autre côté, il est peut-être permis, en présence des résultats, de penser que les hommes spéciaux ont pu se tromper une fois dans leur vie. L'erreur était d'autant plus facile que la théorie des engrais, qui commence à se fixer, était fort incertaine jusqu'à présent, et que, avant 1845, on s'est fort peu occupé de l'hygiène des pommes de terre.

Que les esprits timides, qui vouent un culte particulier aux pratiques existantes et aux oracles de la spécialité, se rassurent néanmoins ; je ne prétends pas renverser les autels de leurs divinités favorites, j'y porterai une main discrète et respectueuse.

Je dis donc que l'action directe de l'engrais sur les pommes de terre leur est pernicieuse. Plusieurs raisons, non sans valeur, proscrivent la méthode usitée : employés frais les fumiers, pour ne parler que de l'engrais généralement en usage, empêchent la terre de se tasser convenablement, et, par là, livrent passage à l'air qui dessèche le sol et nuit aux tubercules-semences ; frais ou non, ils sont nuisibles, par la sécheresse, parce qu'ils provoquent un excès de fermentation ; et dans les années pluvieuses, à cause de la quantité d'eau qu'ils retiennent autour des tubercules. Mais nous trouvons des motifs bien plus puissants de rejeter l'ancienne méthode, dans les effets que produisent les engrais sur les plantes.

Nous avons vu que l'opération de la nutrition chez les végétaux, offre des analogies frappantes avec les mêmes fonctions dans le règne animal. Entre autres avantages, nous avons pourtant reconnu aux animaux celui de l'instinct,

qui les empêche de manger outre mesure ; les plantes ne
l'ont pas. Maintenant quel rôle assignerons-nous à l'engrais,
dans l'opération de la nutrition ? Celui de fournisseur, par
voie directe ou détournée, d'une partie des éléments dont
se compose la plante ? assurément. Cela posé, et personne
ne le contestera, il devient clair que la pomme de terre
peut souffrir d'une nourriture excessive fournie par l'engrais.
Reste à savoir si les fumiers peuvent fournir en surabon-
dance des éléments à la plante, et lui nuire par excès, plus
qu'elle n'aurait souffert par la privation.

Il me paraît démontré qu'un engrais dont la force et la
composition seraient calculées d'après la constitution chimique et les besoins de la pomme de terre, pourrait avantageusement envelopper les tubercules-semences ; mais
celui qui est employé ne peut agir que d'une manière nuisible sur ces derniers, sur les morceaux surtout, et sur
la jeune plante *. Rappelons-nous d'abord la nature du sol
natal de la pomme de terre ; des terrains légers au bord de
l'Océan, sans autre engrais que les vapeurs qui s'élèvent de
la mer et vont retomber en rosée bienfaisante sur les terres
voisines et des détritus de végétaux, le tout formant une
espèce de compost naturel. Et puis, rapprochons l'idée que
nous nous faisons, d'après ces circonstances, touchant les
besoins de cette plante, des données certaines que la science
nous fournit sur les fumiers. Je me tromperais fort si de
ce rapprochement il ne résultait clairement pour chacun
que le fumier le moins énergique, même mêlé à la terre,
est encore trop actif pour les pommes de terre. En effet,
les fumiers sont chargés de sels ammoniacaux, source d'une
végétation luxuriante, lorsque leur action est graduée,

---

* « .... Généralement toutes les solutions de substances orga-
niques......, mises en contact avec les jeunes plantes, fatiguent d'abord
ou altèrent les faibles organes de celles-ci. » (*Théorie des engrais
par M. Payen.*)

et cause d'altérations plus ou moins graves, selon les circonstances atmosphériques, si cette même action immédiate
est spontanée, excessive. Dans ce dernier cas, les fumiers
provoquent chez la jeune plante une dilatation extraordinaire des vaisseaux absorbants et des canaux de la circulation *. Cette dilatation, nuisible par elle-même, nuit
encore sous plusieurs rapports à la constitution de la plante :
d'abord, cette dernière n'absorbe pas dans les mêmes proportions d'autres éléments indispensables à une composition
normale de ses organes, soit que ces éléments n'affluent
pas aussi nombreux, soit qu'ils demandent, pour se com-
biner avec l'azote fourni par l'engrais, l'action lente du
temps et le concours d'agents divers qui n'interviennent effi-
cacement que dans le jeu régulier de la végétation ; ensuite,
le fumier s'épuisant à mesure et en proportion que la plante
se développe, il arrive un moment où, la nutrition de
celle-ci n'étant plus en rapport avec ses besoins factices,
elle souffre, et d'autant plus que son organisme mou est
moins capable de tirer de la terre la nourriture qu'il lui
faudrait pour soutenir et achever une croissance si vigou-
reusement commencée. C'est un phénomène que nous avons
tous les jours sous les yeux, sans nous en rendre compte ;
qui n'a pas vu des plantes, du blé, de l'avoine, des pommes
de terre surtout, etc., devenir stériles et même mourir
d'un excès de nourriture.

Supposez maintenant, ce qui est arrivé pour la pomme
de terre, que cette action d'élétère soit seulement assez
forte pour l'altérer un peu chaque année, et qu'elle s'applique d'ailleurs à une plante constituée pour résister assez
longtemps à un pareil régime, et vous aurez l'explication

* En parlant du manque de cohésion entre les utricules, des la-
cunes ou cavités accidentelles, et de la dilatation qu'on remarque souvent
chez les plantes, M. Richard (*Nouveaux éléments de Botanique*) attribue ces différents effets à un accroissement trop rapide.

complète de l'effet des fumiers sur les tubercules, et sur la plante du végétal le plus précieux que nous ait envoyé le Nouveau-Monde.

Des circonstances favorables pourront ralentir le développement du principe morbifique, la dégénérescence absolue ; mais, à moins de combattre le mal par des moyens énergiques*, on ne l'arrêtera pas : à la première occasion le fléau chargera sa logique désastreuse de prouver l'insuffisance des palliatifs, en reparaissant plus terrible que jamais.

§ **IV.** Semence.

S'il est avantageux de posséder un sol favorable à la culture de la pomme de terre, utile de cultiver convenablement la terre qu'on y destine, important de suivre un mode rationnel dans l'application de l'engrais à cette plante ; il est essentiel aussi de ne pas se tromper dans le choix de la semence. D'un mauvais germe, il peut difficilement s'élancer une plante saine et vigoureuse.

Sur ce point encore, nos maîtres ont fait fausse route ; depuis Parmentier, jusqu'aux agronomes de nos jours, tous enseignent qu'on *peut* couper les tubercules-semences, planter des yeux, ou même n'employer à la plantation que des germes, à plus forte raison se servir des plus petits tubercules. On le *peut* assurément, et malheureusement on abuse de ce pouvoir comme de beaucoup d'autres ; mais le peut-on en bonne agriculture ? le doit-on d'après les simples notions que nous possédons sur la reproduction des individus, et sur les moyens de conserver aux espèces leur vigueur primitive ? je ne le pense pas.

Nous croyons avec raison, que la première condition pour obtenir des individus bien portants, pour empêcher la dégénérescence des espèces, consiste à n'employer à la re-

---

* J'en indiquerai quelques-uns dans la seconde partie de ce travail.

production que des sujets bien constitués et convenablement nourris. C'est une vérité banale. Nous faisons venir à grands frais des chevaux, des vaches, etc., de belles races ; nous avons soin de choisir les plus beaux plants de vigne, d'arbres, de trier minutieusement jusqu'aux semences de nos potagers ; nous mettons à la disposition de tous ces sujets choisis une nourriture généreuse. Tout le contraire a lieu pour la pomme de terre. En effet, en coupant d'une manière quelconque les tubercules-semences, en les privant d'une portion de la pulpe, on enlève à l'embryon sa première nourriture naturelle, c'est-à-dire une substance contenant des éléments indispensables à une végétation régulière, et dont il peut tout au plus se procurer une faible partie, n'ayant pas de communication avec l'air extérieur. La même privation exerce sa fâcheuse influence lorsqu'on plante des tubercules épuisés, dont les premières pousses ont été arrachées. Les simples germes sont en outre exposés aux suites résultant d'un changement brusque de milieu. Tous ces êtres mutilés souffrent plus ou moins de l'air ambiant, des substances fortes ou nuisibles, qui se trouvent dans les meilleurs terres, et des cohortes d'insectes toujours en quête des parties vulnérables des plantes.

En utilisant, comme on dit, les petits tubercules pour la plantation, on n'est pas plus sage. Je vois deux raisons pour expliquer la différence du volume, entre tubercules d'un même pied : ou les petits n'ont pas acquis leur développement complet, quoique nés en même temps que les autres, ou ils proviennent d'une seconde végétation. Dans l'un et l'autre cas, ce sont des sujets imparfaits et impropres à la propagation d'une espèce saine. La même raison explique pourquoi des tubercules non murs ne peuvent donner naissance qu'à une génération radicalement viciée, qui doit aussi succomber avant le terme marqué par les lois de la nature.

Il serait sans doute superflu d'entrer à cet égard dans de

plus longs détails, pour faire convenir que, en allant ainsi directement à l'encontre des vœux de la nature, nous avons hâté la dégénérescence des pommes de terre.

On m'objectera peut-être, que la force de mes raisonnements est détruite par des faits observés l'année dernière; que des champs entiers plantés de morceaux ou de germes de pommes de terre ont été épargnés, tandis que des exploitations voisines, où la plantation a été faite exclusivement de tubercules intacts, furent ravagées. On m'a assuré que le premier cas s'est présenté dans la belle propriété de M. Sérard, près Forbach. Mais sait-on que l'habile agronome de Ditschviller n'emploie jamais à la plantation que les plus gros tubercules, et que les morceaux sont plantés avec une portion considérable de la chair? Et puis, le sol y est dans des conditions exceptionnelles. En examinant attentivement tous les faits avérés de cette nature, on trouvera le motif de l'exception dans des circonstances analogues.

Il ne faut, d'ailleurs, pas ajouter une foi trop aveugle aux dires de tous ceux qui se mêlent pratiquement d'agriculture; il n'y a pas que les chasseurs qui soient..... Dans tous les rangs de la société, on rencontre de ces êtres privilégiés qui n'ont jamais tort, à qui tout réussit et prospère, qui, nouveaux protégés du ciel, sont miraculeusement préservés, au milieu des désastres les plus généraux, à les en croire sur parole.

J'ai connu une façon d'agriculteur de ce calibre; c'était le plus niais, le plus ignare personnage que l'on puisse imaginer. Hé bien! pendant cinq à six ans, il exploitait, remorqué par des garçons de ferme, souvent aussi malins que le maître, une propriété médiocre, et, tout en faisant écoles sur écoles, boulettes sur boulettes, jamais, à l'entendre, les plus habiles cultivateurs n'approchaient des résultats fabuleux qu'il obtenait, lui né et élevé pour un métier moins noble. A force de hâbleries*, il s'était acquis parmi ceux de sa capacité, la réputation, bien méritée, comme on voit, d'habile économe. Possédant avec cela, le génie des sots et des âmes basses, celui de cultiver, à tous les degrés et par tous les moyens, l'intrigue beaucoup mieux que les champs, il se glissait partout, et finissait toujours par se faire hisser sur les épaules de quelque dupe considérée.

En tenant compte de l'observation que je fais ici, en passant, et une fois pour toutes, on trouvera rarement des cas inexpliqués, plus rarement encore inexplicables. Revenons au sujet.

Une dernière cause de dégénérescence, provenant de la semence, cause, que je ne ferai qu'indiquer ici, devant en parler plus loin, c'est la continuelle reproduction des pommes de terre, au moyen des tubercules. Le tubercule n'est pas un fruit, mais une racine tuméfiée, une tige souterraine. En plantant des pommes de terre, nous faisons donc de simples boutures, comme lorsque nous nous servons d'une tige aérienne. Or, tout le monde sait que les plantes qui sont constamment reproduites par boutures, dégénèrent facilement. Nous avons vu plus haut comment un agronome s'est assuré que cette loi est commune à la pomme de terre (2).

---

* « La meule qui tourne sans moudre fait plus de bruit que celle sous laquelle il y a du grain : la langue sur laquelle il n'y a point de pensées donne plus de paroles que celle du sage.

» Les paroles de l'homme qui se vante sans cesse, sont comme le bruit d'une scie qu'on aiguise : elles agacent l'esprit de ceux qui l'écoutent. »

(*Charles Sainte-Foi.*)

(2) C'est aussi l'avis de plusieurs savants français. (Voir le *Bulletin* des séances de la société royale et centrale.)

8

§ V. Plantation.

Dans l'agriculture tout se tient, s'enchaîne intimement ;
la conséquence d'une faute devient la cause d'une perte
nouvelle. Cette vérité devient évidente dans la culture des
pommes de terre ; en signalant, tout à l'heure, les erreurs dont la semence est trop souvent victime, nous hési-
tions sur le point de savoir si la non-maturité, dans nos
climats, devait être attribuée à l'usage de planter tardi-
vement, ou au choix d'espèces tardives : dans l'un comme
dans l'autre cas, il faudrait être certain d'un automne
favorable, pour avoir droit à la prétention de passer, à
juste titre, pour conséquent.

Il serait cependant difficile de fixer une époque générale
et invariable, pour cette opération, même dans des terres
de nature semblable. Une plantation prématurée dans telle
province, en telle année, sera tardive dans une autre province, pour une année différente. Sous ce rapport, une
seule chose est donc incontestable, c'est que le cultivateur
contribue volontairement à une altération plus ou moins
considérable de sa récolte, s'il ne s'applique pas à savoir
saisir le moment opportun, pour planter *ses* pommes de
terre. Mais, à cet égard comme à beaucoup d'autres, ce
n'est pas toujours le *savoir* qui manque ; visant à la
quantité bien plus qu'à la qualité, on ne veut pas se donner
la peine inutile de protéger, au besoin, les tendres pousses
contre l'effet des dernières gelées, ou le chagrin de perdre
une partie de la récolte. Il est fâcheux que la nature ait
réglé les choses sans égards pour la cupidité du *futur Roi*
de la terre, et que la pomme de terre demande à végéter
assez longtemps, même pour rendre en fécule et alcool tout
ce qu'on en peut espérer. Il résulte, en effet, de l'état de
nature de cette plante, qu'elle achève sa maturation pendant l'hiver ; des expériences très-concluantes prouvent,

d'ailleurs, que des tubercules mis dans une terre convenable, et préservés du froid, ont continué, dans nos contrées, une sorte de végétation pareille, et fourni un rendement plus considérable.

Plantées dans des champs bien ameublis et disposés, convenablement espacées et mises en terre, les pommes de terre répareraient la perte du temps par une végétation hâtive ; mais rien de tout cela n'a lieu. On destine à cette plante les plus mauvaises terres d'abord ; comme pour les rendre plus mauvaises encore, on a soin de les ameublir le moins possible, de les rendre tout à fait plates ou excessivement bombées, de manière à en faire écouler ou y retenir l'eau, selon que le sol ne l'exige pas. Dans des champs préparés avec cette intelligence des choses et de l'intérêt du planteur, on jette la semence, sans s'occuper du plus ou moins de facilité qu'elle trouvera à se développer.

Cette opération se pratique de deux manières, à la suite de la charrue, ou dans des trous faits à la bêche. La première est la plus mauvaise ; car les tubercules-semences sont placés sur la couche de terre non-labourée, et y pénètrent difficilement par les racines. La plantation à la bêche est préférable, elle serait même bonne si elle était bien exécutée.

On commet une autre faute dans la plantation des pommes de terre, une faute plus grave peut-être, ayant une influence plus directe sur la constitution de la plante ; je veux parler de l'insuffisance de l'espace laissé entre les pieds. Généralement on laisse entre les pieds un espace de 50 centimètres seulement ; il y a des cultivateurs qui se croiraient ruinés s'ils *perdaient* 35 à 40 centimètres de terrain. Le plus grand de ces espacements est encore insuffisant, les derniers ne méritent pas d'être discutés. En commençant ce travail, j'ai rappelé quelques-unes des analogies qui existent entre les plantes et les animaux. Celles qui résultent des fonctions de la nutrition nous ont paru frappantes. Dans cette opération capitale, il se fait une absorption d'air *, dont quelques parties sont conservées par l'animal ou la plante, et dont d'autres sont rejetées dans un état malfaisant. De là ces calculs sur la quantité d'air nécessaire à tel ou tel animal, à chaque individu renfermé dans un espace donné. Hé bien! les plantes ont les mêmes besoins ; trop rapprochées les unes des autres, elles manquent d'air vital et se nuisent mutuellement par les excrétions insalubres. Quelque chose de semblable se passe sous terre..........

Il me parait donc démontré que les fautes ou les erreurs commises dans la plantation des pommes de terre ont une influence majeure sur la constitution de ce végétal, et contribuent à sa dégénérescence.

§ **VI.** Travaux pendant la végétation.

A mesure que nous avançons dans la revue des différents travaux qui constituent la culture des pommes de terre, les détails deviennent moins nécessaires. Les mêmes principes trouvant leur application sur presque tous les points, il suffit d'indiquer un usage abusif, pour que chacun saisisse sur le champ la liaison intime entre ce point de la pratique

---

* « Les végétaux offrent une organisation complexe. L'analyse chimique nous fait voir qu'ils se composent de carbone, d'hydrogène, d'oxigène et quelquefois d'azote. Mais ces éléments n'y sont pas ainsi séparés, isolés; ils y sont combinés en proportions diverses, et de leur combinaison résultent des composés jouissant de propriétés spéciales. Ainsi on trouve dans les végétaux de la cellulose, de l'amidon, du sucre, de la gomme, du gluten, des alcaloïdes, des matières résineuses, de la cire, des huiles grasses et volatiles, des acides, etc., etc. Ils contiennent de plus quelques autres matières qui n'en font pas nécessairement partie, comme des sels, des oxides, de la silice, etc...... » (*Nouveaux éléments de Botanique de M. A. Richard.*) On voit qu'une partie de ces substances doit être fournie par l'air.

et la cause du mal, que je désire guérir plus que je ne
tiens à en démontrer l'existence ; dont je veux rendre la
réalité éclatante pour tous, précisément parce que je crois
cette intuition nécessaire pour obtenir une guérison plus
prompte, plus générale. Les travaux qui ont lieu dans
les champs de pommes de terre pendant la végétation, nous
fourniront de nouvelles preuves à l'appui de cette vérité,
que la dégénérescence a été préparée, hâtée par la culture.

Comment ces travaux sont-ils généralement exécutés ?
M. Royer va nous l'apprendre : « Quand on a le temps,
dit-il *, des femmes, des enfants, grattent la surface du sol,
par habitude instinctive plutôt que par raisonnement, pour
briser un peu les grosses mottes, détruire ou cacher seulement assez de mauvaises herbes, pour qu'on puisse deviner
qu'il y a là des pommes de terre plantées ; et mettre le
sol aussi parfaitement plat que possible, c'est-à-dire aussi dur
et imperméable qu'on puisse l'imaginer. Cette opération porte
le nom de binage ; mais on peut juger de son effet utile
en voyant aujourd'hui **, de Phalsbourg à Sarreguemines,
par exemple, les prairies de chiendent et de chardons,
au milieu desquelles on aperçoit les tiges étiolées des
pommes de terre, noircies par une maturité prématurée. »

M. Royer en passe même, et des plus belles, volontairement sans doute. Ces travaux, disons mieux, ces cor-
vées, ont encore d'ordinaire des résultats plus directement
nuisibles. Tantôt on s'y livre trop tôt, de la manière
qu'on vient de voir, et la plante en est ébranlée dans ses
racines encore peu profondes, surtout lorsque la terre est
desséchée ; d'autres fois on attend trop tard, et les racines
avancées sont entamées par la pioche ou le fer de la houe.
Nous pouvons ajouter que les blessures de tous genres ne

---

* Journal d'agriculture pratique, octobre, 1845.
** Le 19 septembre 1845.

sont nullement épargnées à la plante, durant les travaux dont on veut bien la gratifier d'aussi bonne grâce.

Ainsi privées d'air par la dureté du sol, et asphyxiées dans l'importune société d'une foule de plantes parasites; étouffées ou noyées sous des monceaux de terre formés autour des tiges, par l'opération du buttage; troublées de mille manières dans le premier travail de la végétation, les pommes de terre peuvent-elles réussir en dépit de tous les obstacles, prospérer au milieu d'éléments qui font périr d'autres plantes?

Non content d'avoir, par tous les moyens, troublé, paralysé le développement de la jeune plante, on lui ravit encore des organes indispensables, quand elle les a péniblement atteints à travers ces embarras sans cesse renaissants. Le lecteur a deviné que je veux parler de l'usage contre nature, de priver la plante des tiges aériennes.

L'abus que je signale ici ne peut être rangé parmi les causes qui ont préparé la dégénérescence des pommes de terre dans nos contrées; car, je le reconnais avec plaisir, il n'existe pas d'une manière générale en France. Si j'en parle, c'est qu'on a conseillé cette opération comme un excellent préservatif, dans certaines circonstances, et aussi comme pouvant offrir une ressource sous le rapport des fourrages; tandis que je la crois, au contraire, éminemment dangereuse pour les tubercules et insignifiante en ce qui concerne les fourrages. Peut-être ne faut-il pas chercher ailleurs l'explication de ce fait extraordinaire, c'est que la maladie des pommes de terre se soit déclarée dans plusieurs provinces de l'Allemagne, plus tôt que dans d'autres de quelques années.

Quoi qu'il en soit, on comprend sans effort que la privation de l'herbe doit avoir une influence funeste sur les tubercules, à quelqu'époque qu'ait lieu la coupe totale ou partielle. Il en résulte une perte de sève; une infiltration nuisible peut s'opérer par les blessures et troubler le travail végétal ; des sporules, des animalcules ne s'introduisent-ils pas à la faveur de ces ouvertures dans les tissus cellulaires ? Quels autres germes de destruction appelez-vous encore sur la plante, en lui enlevant ses fanes ? C'est par les fanes, on se le rappelle, que la pomme de terre aspire l'air nécessaire pour élaborer les sucs envoyés par les racines, et qui doivent alimenter toutes les parties de la. plante. La force d'un végétal ayant besoin de cet auxiliaire, est en raison du nombre et du développement des tiges aériennes.

Qu'on se pénètre donc bien d'une vérité, c'est que la nature, qui ne complique pas inutilement les rouages de son admirable mécanisme, se serait épargné la peine d'inventer ce vain ornement, si cette chevelure n'était pas nécessaire, selon la conception primordiale de l'harmonie de la création : les truffes n'ont ni tiges ni racines. Cette réflexion philosophique a, ce me semble, sa valeur, et mérite peut-être qu'on la médite.

Convaincu du tort qui résulte pour les tubercules de cette mutilation *digne* aussi *des sauvages,* un comice agricole du Palatinat voulut, par des expériences entreprises dans six localités différentes, sous la surveillance immédiate de ses membres les plus compétents, constater dans quelles proportions exactes les pommes de terre privées des fanes perdent en quantité et en qualité. Voici le résultat de ces expériences comparatives :

Des pommes de terre qui conservèrent les fanes intactes gagnèrent, du 17 août à la récolte, 76 pour cent, tandis que d'autres, dont l'herbe avait été coupée à six pouces du sol, n'acquirent plus que 51 pour cent, et celles qui n'avaient été privées que de l'extrémité des tiges augmentèrent leur produit de 51 pour cent, c'est-à-dire que, dans le dernier cas, il y eut un tiers, et, dans l'autre, plus de moitié de perte.

Depuis le 1er septembre, les tubercules surmontés de
leurs tiges entières profitèrent de 42 pour cent ; ceux qui
conservèrent douze pouces de fanes, de 25 pour cent, et
ceux privés de l'herbe, à six pouces près, de 5 pour cent
seulement.

Du 16 septembre à la récolte, les tubercules des pieds
qui avaient conservé les tiges ajoutèrent 12 pour cent, et
ceux des pieds qui avaient perdu l'extrémité des fanes 4 pour
cent, à leurs parties amylacées ; quant aux tubercules des
pieds dont l'herbe fut complétement rasée, ils éprouvèrent
une perte de 2 pour cent sur le poids acquis.

En présence de faits aussi positifs, on ne dira plus, je
pense, que l'on peut sans inconvénient couper l'herbe des
pommes de terre. Je ne sais jusqu'à quel point les cultivateurs trouveront que ce moyen pourrait être opposé avec
succès aux ravages de la frisolée, seule affection dans laquelle il semble possible de l'invoquer ; mais il résulte
clairement des chiffres que je viens de transcrire, que l'on fait
une fausse spéculation en coupant les fanes pour en nourrir
des bestiaux. Pour deux kilogrammes de fourrage qu'on
se procure par ce moyen, on éprouve une perte d'un kilo-
gramme et demi sur les tubercules, encore ce fourrage est-
il détestable et malsain, les feuilles étant chargées de solanine, substance vénéneuse très-active.

§ **VII. Récolte.**

J'ai déjà fait remarquer à quel degré les différents soins
et travaux relatifs à la culture des pommes de terre se
lient entre eux ; comment une pratique vicieuse en un
point influe sur l'ensemble de cette culture. Cet enchaînement est encore plus étroit, la solidarité plus rigoureuse,
entre la récolte et les travaux qui la précédent : avez-vous
mal labouré vos champs, choisi pour semence une espèce
trop tardive, planté trop tard, imparfaitement exécuté le

binage et autres travaux à faire pendant la végétation, vous serez obligé d'arracher vos pommes de terre avant leur entière maturité, ou d'exposer votre récolte aux intempéries de l'arrière-saison, deux nécessités également fâcheuses.

Tels sont, en effet, les deux points où l'on a commis les principales fautes touchant la récolte et sur lesquels l'erreur entraîne à sa suite les conséquences les plus désastreuses. Des pommes de terre rentrées en état d'incomplète maturité, se gâtent très-facilement en magasin, et, employées à la reproduction, elles ne peuvent engendrer qu'une génération radicalement viciée. Malgré le danger qu'on reconnaît à la récolte prématurée, on n'a garde de manquer de s'y exposer tous les ans. La chose a lieu d'étonner, mais elle n'en est pas moins exacte, elle n'en arrive pas moins aux mieux intentionnés. C'est la conséquence inévitable du mélange des espèces.

On sait de reste que toutes les variétés de pommes de terre ne mûrissent pas en même temps ; s'il y en a qu'on peut arracher au bout de quelques semaines, il en est d'autres qui demandent, à la seule fin d'être mangeables, à rester en terre pendant cinq à six mois. Voyez cependant ce qui se pratique à la récolte. Qui a jamais songé à faire un triage rigoureux entre les différentes espèces ? Toutes sont ramassées pêle-mêle et plantées de même l'année suivante, de telle sorte qu'on finit par ne plus se reconnaître dans cet épouvantable salmigondis d'espèces et de variétés tardives, hâtives, grosses, petites, blanches, rouges, bleues, jaunes, longues et rondes.....

Laissez-vous, au contraire, aux plus tardives, le temps de vous annoncer, par la flétrissure des fanes, qu'elles sont mûres, autant du moins, que les tardives surtout, peuvent mûrir dans nos climats, vous aurez, pour opérer la récolte, des journées très-courtes et presque toujours des pluies froides, si même des rigueurs anticipées ne vous

9

empêchent de la mener à fin. Les pommes de terre tardívement récoltées, sont donc nécessairement rentrées mouillées, et couvertes d'une couche de terre plus ou moins épaisse. Il est évident qu'il serait plus étonnant de voir toutes les pommes de terre emmagasinées de la sorte se conserver, que d'en voir pourrir une grande partie, et qu'il doit sortir de celles qui ont survécu, une race dégénérée.

On voit, par ce que je viens de dire, que l'opération de la récolte, qui paraît assez indifférente dans la question, et d'une mince portée sur les destinées du précieux tubercule, influe considérablement et d'une manière très-directe sur sa constitution, et doit être rangée parmi les causes qui ont amené la dégénérescence de ce végétal.

§ VIII. Conservation.

Savoir conserver avec mesure est en toutes choses un point capital. L'homme est naturellement entraîné vers les extrêmes ; il outre les précautions quand il ne se laisse aller au courant facile d'une extrême insouciance. La sagesse habite une île escarpée et d'un abord excessivement difficile, entre ces deux écueils dangereux, éternels Carybde et Scylla pour toute barque humaine : *in medio stat virtus*. Voilà, à propos de pommes de terre et de pommes de terre pourries encore, une réflexion bien philosophique, n'est-ce pas ? Qu'on me la passe en faveur de toutes celles qui se présentent à ma pensée et que je condamne impitoyablement au silence. Il y a des sujets qui vous rappellent involontairement un ordre d'idées étrangères et importunes. Mais, puisque me voilà revenu sain et sauf de ces hauteurs philosophico-latines, voyons si nous avons su convenablement conserver les pommes de terre.

Jusqu'à présent, on n'a guères fait de différence entre les pommes de terre rentrées sèches ou mûres et celles

récoltées pendant la pluie ou avant maturité. Le moyen
d'une bonne conservation était cependant dans cette distinction ; les pommes de terre fermentent, on le sait, après
quelques jours de repos dans les magasins, exhalant une
vapeur d'eau plus ou moins intense, selon l'état dans lequel
elles ont été rentrées. Nous avons vu que cette transpiration est plus forte aussi chez celles portant le germe d'une
maladie. Si l'on entasse les tubercules non mûrs ou mouillés
et couverts de terre, à la même hauteur que ceux em-
magasinés secs et mûrs, les premiers souffriront évidemment davantage. Ces émanations aqueuses, comme celles
qui continuent sans doute d'avoir lieu pour certaines
parties gazeuses, sont une cause active d'altération ; les
émanations gazeuses par l'espèce d'asphyxie qui en résulte
pour les tubercules ; les autres, parce qu'elles provoquent
une dissolution putride. Ces effets sont d'ailleurs en raison
de la température et de l'humidité ou de la sécheresse de
la cave. Dans beaucoup d'exploitations, les pommes de
terre sont traitées avec cette indifférence.

Des cultivateurs plus intelligents ou plus soucieux de
leurs intérêts nuisent aux tubercules par un excès de soins
mal entendus. Ceux-ci, sans précisément adopter une méthode différente pour chaque espèce de leurs pommes de
terre, raisonnent les moyens qu'ils emploient ; mais ils se
trompent, parce qu'ils partent d'un principe faux. Ils ont
grand soin de boucher hermétiquement les caves ; les silos
sont chargés de terre et de fumier, afin d'empêcher l'intérieur de ces magasins d'être en contact avec l'air. De cette
manière les évaporations sont encore plus nuisibles : au lieu
d'absorber des gaz propres à achever leur maturation,
les tubercules réaspirent des substances secrétées comme
nuisibles.

Ce n'est pas ici le lieu de déterminer ce sage milieu dont
j'ai parlé plus haut, et qu'il faudrait garder entre la né-

gligence et des soins excessifs. Mais des quelques lignes qui précédent nous pouvons conclure que nos différentes manières de conserver la pomme de terre doivent singulièrement en altérer le germe, et contribuer à la dégénérescence de la plante.

Il me serait bien facile maintenant, on en conviendra, d'indiquer la source probable des cas bizarres observés à l'occasion de l'épidémie régnante. Vous avez remarqué un champ ravagé à côté d'un champ respecté par la maladie ; le premier n'avait pas été fumé, l'autre l'a été copieusement ; ou les deux présentent des différences d'une autre nature, ou bien encore les deux ont été, en apparence, l'objet des mêmes soins. Regardez-y de près, et vous reconnaîtrez la cause du fait extraordinaire, inexplicable, dans une de celles que je viens de signaler, en traitant des nombreux travaux relatifs à la culture. Il peut se faire aussi que des causes accidentelles aient contribué à faire naître cette exception. Nous allons, pour cette raison, dire deux mots des causes occasionelles.

CHAPITRE VII.

CAUSES OCCASIONELLES.

Par causes occasionelles j'entends ces mille circonstances atmosphériques, météorologiques et autres, qui exercent, je l'ai déjà dit, une grande influence sur les végétaux ; qui n'en causent pas les maladies, mais hâtent le développement du germe préexistant de l'affection, en déterminent l'éclosion. L'effet de ces causes n'est pas en raison de leur intensité, de la durée de leur action seulement, mais aussi, mais surtout en proportion de l'affaiblissement des forces vitales de la plante sur laquelle elles agissent. Les pluies torrentielles de 1816, celles de l'année dernière et d'autres années semblables étaient des causes occasionelles. Elles peuvent se trouver également dans une sécheresse plus ou moins absolue, plus ou moins prolongée. Dans toute l'Europe, les pommes de terre ont résisté aux pluies continuelles de 1816 et de 1817, de même qu'à l'ardeur du soleil de plusieurs années où la terre était desséchée, brûlée, presque sans interruption, depuis l'époque de la plantation jusqu'à la récolte. Elles ont succombé, en Allemagne et dans d'autres contrées, par une température moins élevée et modérée par des pluies assez régulières. En France, en Angleterre, dans les Pays-Bas, la maladie s'est déclarée, l'an passé, sous l'influence d'une humidité considérable sans doute, mais qui doit passer pour insignifiante, en présence de celle des années désastreuses que je viens de rappeler.

Ces explications suffiront à faire apprécier le degré d'influence que j'accorde aux causes occasionelles. L'effet profond et général produit par elles, depuis quelques années, quoiqu'elles fussent moins importantes qu'en d'autres années, où cet effet a été nul, en apparence du moins, est une nouvelle preuve, la dernière que j'invoquerai, que la dégénérescence avait énervé l'organisme des pommes de terre *.

* Dans une lettre écrite de Longlaville (Moselle), en date du 50 mars 1846, à M. André, membre de l'académie royale de Metz, M. de Nothomb rend compte de deux expériences faites, l'une par lui-même, l'autre par un fermier des environs de Luxembourg, et desquelles résulterait la présomption que la maladie régnante doit être attribuée aux pluies de l'an passé, et que cette affection ne se transmet pas. Il serait à désirer qu'il en fût ainsi; mais les expériences rapportées par M. de Nothomb ne me semblent, malheureusement! pas de nature à détruire des faits très-concluants en sens contraire. Les essais en question sont à peine commencés, puisque les pieds n'ont pas encore de fanes. Il est prouvé que des tubercules malades à un faible degré végètent; mais quel sera l'état sanitaire des produits entièrement développés?

MOYENS DE RÉGÉNÉRER

Les pommes de terre.

CHAPITRE VIII.

VUES GÉNÉRALES.

Jusqu'à présent nous avons étudié les caractères des maladies des pommes de terre ; nous en avons recherché les causes probables : il est temps que nous abordions les questions vitales, que nous parlions des remèdes à opposer au mal dont nous avons signalé, constaté l'existence, des moyens de régénérer le plus précieux de nos végétaux. La première partie de mon travail a présenté des difficultés sérieuses et multipliées, et je suis loin de croire que je les aie toutes vaincues ; mais celles qui hérissent le chemin qui nous reste à parcourir sont incontestablement et plus nombreuses et plus graves : tout travail tenant de la critique est plus facile que la tâche d'indiquer les moyens de mieux faire. Aussi, je l'avoue franchement, sans le secours de mon auteur allemand et celui des agronomes français les plus estimés, sans les avis éclairés de plusieurs cultivateurs, je me garderais d'entreprendre cette tâche difficile, au-dessus de mes forces, et qui demanderait les connaissances

M. de Nothomb, en expérimentant et en faisant connaître les résultats obtenus par lui et par d'autres, donne aux cultivateurs un exemple digne d'être imité.

Je dois plusieurs autres communications très-intéressantes et qui m'ont été fort utiles à l'extrême obligeance de M. André, président du comice agricole de Metz. Je suis heureux de pouvoir lui en témoigner ici mes remerciements.

théoriques d'un habile agronome jointes à l'expérience d'une longue pratique. Dans cette seconde partie donc, plus encore que dans la première, je serai l'écho fidèle de nos maîtres, heureux si je n'affaiblis pas trop leur langage énergique, plus heureux encore si ceux qui me liront y répondent par une pratique rationnelle.

S'il était nécessaire d'insister auprès de nos cultivateurs sur l'urgence qui les presse d'entrer dans cette dernière voie, je leur citerais l'exemple de la Russie, de l'Angleterre, de la Prusse. Dans le premier de ces pays, des primes importantes sont offertes aux cultivateurs dans le but de généraliser la culture des pommes de terre ; sur les bords de la Tamise, deux tribunes, réservées aux questions de haute importance et touchant aux besoins généraux, viennent de retentir des alarmes du gouvernement en présence de la maladie des pommes de terre, et des espérances qu'il fonde sur l'intelligence et le patriotisme de l'agriculture pour sauver le pays de calamités incalculables en régénérant le précieux végétal ; en Prusse, un prix très-considérable vient d'être proposé pour la découverte d'un moyen de conserver sains les tubercules pendant l'hiver.

La France, notre France ne pourrait, pas plus que la Prusse et l'Angleterre, voir disparaître la pomme de terre, sans éprouver un malaise profond, une perturbation générale, des secousses effrayantes peut-être.

Mais le cultivateur français connaît trop l'importance qu'a la pomme de terre dans l'agriculture même et dans l'économie générale ; il est trop convaincu des malheurs qui résulteraient de l'anéantissement de cette ressource devenue indispensable, pour qu'on ait besoin de stimuler son zèle. Nous allons donc transcrire succinctement la meilleure manière de cultiver la pomme de terre, en suivant les divisions adoptées au chapitre de la culture vicieuse. La régénération proprement dite fera l'objet du chapitre suivant.

CHAPITRE IX.

CULTURE RÉGÉNÉRATRICE.

Pour n'omettre aucun point important, il aurait peut-être fallu faire précéder ce chapitre de l'indication des différents procédés qui ont été pratiqués ou proposés pour tirer parti des pommes de terre malades. Je ne l'ai pas fait, parce que les meilleurs de ces procédés, les plus simples, sont connus de tout le monde, et que le moindre défaut de la plupart des autres est qu'ils sont impraticables. Que je vienne, par exemple, conseiller à un cultivateur, qui récolte seulement quatre cents quintaux métriques de pommes de terre, de faire pelurer celles qui présenteraient quelqu'apparence de maladie ; de les cuire comme pour les manger ; puis de les conserver entassées dans des tonneaux !!...... Le meilleur moyen, c'est de consommer au plus vite les pommes de terre attaquées, d'en tirer la fécule, ou de les abandonner aux distilleries. Passons donc à la culture qui doit mener à des résultats plus satisfaisants, à la destruction du germe de la maladie.

§ I. Terre.

« La pomme de terre, dit M. F. Villeroy, cultivateur à Rittershoff *, est devenue d'une nécessité tellement générale pour la nourriture des hommes et des animaux, qu'on veut la faire venir partout, et qu'on la cultive dans des terres fortes, d'où elle devrait être à jamais exclue. Si l'automne est pluvieux, les pommes de terre y coûtent à arracher aussi cher qu'on les paierait en les achetant, et le dommage qu'éprouve le champ piétiné, pétri par les hommes et les attelages, sillonné de profondes ornières ; ce dommage est

---

* Journal d'agriculture pratique, mars 1846. — Tous les passages que j'emprunterai à ce savant agronome, seront tirés du même article.

incalculable. Les cultivateurs qui n'ont que des terres compactes, d'argile ou de glaise, ne sauraient mieux faire que de suivre les conseils ministériels et de s'abstenir de planter des pommes de terre. »

« Les terres chaudes, riches en humus, argilo-siliceuses, sont celles qui conviennent avant toutes à la culture des pommes de terre, » dit M. Pinckert. Cet agronome se fonde sur ce que nous savons du sol natal de cette plante, et aussi sur l'expérience générale. La maladie de l'année dernière est venue confirmer cet avis; car elle a généralement épargné les terres légères et sableuses, ou y a peu sévi.

Il ne reste qu'un moyen aux cultivateurs, dont les terres ne sont pas dans ces conditions et qui veulent absolument cultiver la pomme de terre, c'est de choisir un sous-sol perméable, s'il se peut, d'adopter l'assolement le plus convenable et de prodiguer les travaux avec intelligence. M. Villeroy pense avec les agronomes allemands, que la meilleure rotation est, dans ce cas, celle qui permet de faire succéder les pommes de terre au trèfle. C'est aussi l'avis de MM. Kloster, père et fils, cultivateurs éclairés de Gaubiving. A plus forte raison, un vieux gazon rompu est-il très-propre à la végétation de cette plante. Dans tous les cas, il faut éviter de faire revenir trop souvent les pommes de terre dans les mêmes champs. Un ancien cultivateur m'a dit, il y a quelques jours, avoir constaté le fait suivant: la rotation de la propriété qu'il exploitait s'exécutait en trois ans, et comprenait, colza, blé, trèfle; ses récoltes étaient généralement vigoureuses; mais le rendement des graines diminua sensiblement au bout de six ans, et la neuvième année, le trèfle ne produisit plus de semence, quoique le temps fut favorable. Les agronomes sont d'accord pour déclarer cet effet encore plus prompt et plus funeste sur les pommes de terre.

10

§ II. Labour.

« Que les hommes de progrès, dit M. Royer *, proclament mal faite toute culture de ce précieux tubercule qui n'aura pas été préparée par un défoncement d'au moins 20 à 25 centimètres, et, s'il est possible, de 30 à 35 centimètres, avec ameublissement complet de toute la couche remuée, disposée en planches parfaitement plates par quatre labours au versoir, donnés pendant l'automne, l'hiver et le printemps, et constamment égoutté. »

Voici une expérience qui prouve la justesse de ces conseils : En 1840, on partagea, dans le Mecklembourg, un champ en huit portions égales ; le tableau suivant fait connaître la profondeur des défoncements et le produit obtenu sur chacun.

PORTIONS NON FUMÉES.

DÉFONCEMENTS.		PRODUIT	
		EN TUBERCULES.	EN FANES.
N° 1.	0m,30	74kil	6kil
N° 2.	0m,25	58	6 1/2
N° 3.	0m,20	46	5 1/4
N° 4.	0m,15	34	4 1/2

Les quatre derniers lots furent consacrés à une expérience sur l'effet de l'engrais dans ces différents défoncements du sol.

Voilà donc l'excellence des labours profonds bien établie. Qu'on veuille bien se rappeler ce que nous avons dit et répété sur la nature des terres affectionnées par la pomme

* Journal d'Agriculture pratique. Octobre 1845. — Les nombreux emprunts que je fais à cet excellent recueil doivent convaincre les cultivateurs qu'on y trouve toujours les principes de la saine culture et de sages conseils.

de terre dans sa patrie, et de celles qui sont le plus favorables à sa végétation en Europe, et l'on conviendra aussi de la nécessité de rendre meubles les champs de pommes de terre, ce qui reviendra à dire qu'il faut les labourer à l'automne, pendant l'hiver et au printemps, jusqu'à ce qu'ils soient suffisamment ameublis.

Nous avons vu dans quel but on doit donner de nombreux et profonds labours aux champs destinés à la culture des pommes de terre. Mais est-il partout possible de défoncer le sol d'autant que le demande M. Royer? Est-il toujours nécessaire et utile de labourer aussi souvent et aussi profondément les champs en question? Si l'on entend parler d'un défoncement avec la charrue ordinaire, je répondrai qu'il n'est ni possible ni utile partout à ces profondeurs. Il y a des terres dont les couches non-labourables ne sont pas aussi loin de la surface du sol; dans d'autres, le sous-sol se compose de couches infertiles, qu'il serait nuisible de mêler à la bonne terre : pour ces dernières, une charrue-taupe *, qui remue le sous-sol sans le ramener à la surface, pourrait être d'un excellent usage. Des terres naturellement meubles ou faciles à ameublir n'exigent pas autant de labours non plus. Ce travail préparatoire doit se régler sur la nature de la terre; s'il est difficile d'assez labourer les terres fortes et compactes, on peut nuire à celles qui sont naturellement meubles, en les remuant trop souvent; les gaz et les sels, que ces terres reçoivent aisément, s'en échappent sous l'action du soleil. C'est donc à chaque cultivateur de décider combien de labours exigent ses terres pour atteindre l'ameublissement convenable, et à quelle profondeur il faut les défoncer pour qu'elles se saturent des parties fertilisantes empruntées à l'atmosphère; car défoncer convenablement et ameublir, voilà tout le secret des labours.

* Voir à la fin la description et l'usage de cette charrue.

§ III. Fumure.

D'après ce que nous avons vu touchant cette partie de la culture des pommes de terre, le mieux serait de planter ces dernières dans des terres assez pourvues d'humus pour se passer d'engrais. Cela est rarement possible. Tâchons donc d'approcher du but que l'on se proposerait en agissant de la sorte, éloignons le plus possible le moment de la fumure des champs de pommes de terre de celui de la plantation ; qu'il y ait un intervalle d'un an, de deux, de trois ans et plus, s'il se peut. Ne les fumons jamais immédiatement avant la plantation, mais au plus tard à l'automne. Changez, bouleversez toute l'économie de votre exploitation, s'il le faut pour arriver à ce mode d'engraisser vos terres, ne tenez aucun compte, s'il est nécessaire, de ce qu'on appelle les *principes* de la saine culture, qui ne sont souvent que le masque de la routine, pour adopter au plus tôt une rotation qui vous permette de ne plus appliquer votre engrais immédiatement à la plantation.

Il est cependant, entre autres, une espèce d'*engrais* que je recommanderai tout-à-l'heure et qui peut avantageusement être mis en contact avec les tubercules-semences ; c'est la chaux. Après celui-ci, les engrais les moins nuisibles, dans le même cas, sont en général ceux qui contiennent le moins d'ammoniaque, ou les moins chauds, comme on dit. Le fumier des bêtes à cornes, par exemple, est préférable à celui des chevaux et des moutons ; les matières fécales pures sont un véritable poison pour les pommes de terre. L'herbe enfouie paraît avoir une action bienfaisante sur la végétation et la nature de cette plante. Il n'est d'ailleurs pas un engrais, depuis la boue des rues jusqu'au sang des animaux, qui ne puisse être employé, s'il est traité avec intelligence. Les composts valent mieux encore *.

* M. Pinckert en indique une espèce applicable aux pommes de

On voit donc qu'ici aussi, nous ne pouvons qu'indiquer la marche à suivre, sauf au cultivateur à étudier la nature et les besoins de son terrain, afin de calculer ensuite la force et la composition de l'engrais en conséquence. Mais l'essentiel est, je le répète, d'éviter le contact d'un engrais trop fort avec les tubercules. La quantité du produit sera moindre, si la terre est maigre, mais il sera supérieur en qualité, pour le rendement en fécule et en alcool.

§ IV. Semence.

En signalant quelques-unes des fautes que l'on commet dans le choix des tubercules destinés à la reproduction, et dans la manière de les traiter, nous avons suffisamment indiqué la meilleure méthode à suivre sur ces points importants. Il résulte, en effet, de ce que nous avons dit, que la maturité étant essentielle, nous devons préférer les espèces hâtives, éviter celles qui forment volontiers des tubercules à une époque avancée, et choisir dans ces espèces les tubercules les plus gros, comme les plus vigoureux et les plus propres à propager une race saine et dégénérant moins rapidement.

Voilà, me dira-t-on, un conseil qui vient à propos cette année surtout; nous n'avons déjà pas assez de pommes de terre, et vous voulez que nous en plantions les plus grosses, sans les couper peut-être? J'ai prévu la difficulté et préparé la solution; l'objection est très-sérieuse, non-seulement dans les circonstances où se trouve l'agriculture, mais en tout

terre. Voici sa recette : 2 parties de chaux vive ; 2 id. de plâtre calciné en poudre ; 3 id. de cendre lessivée ou non ; 1 id. de suie, et 16 id. de terre ; le tout mêlé et délayé avec des urines, au point d'en faire un épais mortier. On s'en sert en poudre, après l'avoir passé à la claie. — Il conseille aussi l'emploi des fumiers longs et peu chargés de matières animalisées dans les terres fortes et compactes, etc.

état de choses ; j'espère que ma réponse ne laissera rien à désirer.

J'ai déjà touché un mot de l'ingénieux procédé de M. Sérard *. Je n'en avais alors qu'une idée imparfaite. Mais, avant-hier, j'eus le plaisir, en visitant la belle ferme de St-Ladre, près Metz, de recevoir de M. Génot, un des cultivateurs les plus distingués du département, des explications détaillées au sujet de ce procédé, qu'il a emprunté à son collègue de Ditschviller et dont tous deux se trouvent à merveille. Voici en quoi il consiste :

Quinze jours avant l'époque de la plantation des pommes de terre, on choisit dans l'espèce que l'on a préférée les tubercules les plus mûrs, qui sont généralement les plus gros ; puis, à l'aide d'un instrument servant d'emporte-pièce, on enlève les œilletons les mieux formés, les plus vigoureux, avec une partie de la chair. Le point du tubercule, où l'embryon est le plus sain, les germes ou œilletons le plus propres à la reproduction, c'est celui appelé tête dans les campagnes, qui est la place la plus éloignée du point par lequel chaque tubercule tient à sa souche avant la récolte. Les œilletons sont-ils mieux conditionnés en cet endroit, les sucs élaborés à un plus haut degré, par suite de la tendance naturelle à cette plante à porter la quintescence de ses fluides vers les extrémités aériennes, ou pour tout autre motif ? Je ne sais ; mais l'expérience a démontré que les œilletons de ce point sont infiniment pré-

---

* J'ignore de qui cet agronome le tient ; mais dès avant 1843, le gouvernement hessois a envoyé dans chaque commune de la circonscription grand-ducale un modèle de l'instrument dont il va être question. M. le préfet de la Moselle, qui saisit toutes les occasions pour témoigner de son zèle éclairé pour l'agriculture, jugera peut-être ce procédé assez utile pour le faire connaître aux communes de notre département et pour le recommander à ses administrés.

férables et que c'est de là qu'il faut les extraire. Cette opération est très-simple et peu coûteuse *.

L'instrument rappelle assez la moitié d'un moule à balles. On peut adopter des dimensions plus ou moins grandes, selon la portion de chair qu'on veut enlever avec le germe. Ceux de M. Génot ont trois centimètres de diamètre; le manche est de onze centimètres, dont neuf pénètrent dans une poignée en bois tournée. Le creux est de treize millimètres, et les bords sont tranchants tout autour comme un couteau bien aiguisé. Ces bords se posent sur la partie du tubercule où l'on veut enlever l'œilleton, de manière que ce dernier se trouve au centre autant que possible; tournant alors le manche sur lui-même, en appuyant légèrement sur le tranchant, ce dernier entre dans la chair, dont il découpe une balle de la grosseur d'une petite pomme de terre **.

Pour toutes précautions, MM. Sérard et Génot prennent ordinairement soin d'éviter la fermentation qui se déclare très-facilement dans le moindre tas de cette semence, mais je crois qu'il n'est pas inutile d'en prendre d'autres encore. Ainsi, il est bon de faire sécher la blessure de ces petits tubercules, sans les exposer ni au soleil ni à l'air libre, tous deux fort nuisibles aux tubercules-semences, en général, et mortels pour les morceaux; dans le cas où cela serait impossible et lorsque ces *extraits* seront destinés à des terres mal ameublies, il faut les rouler dans de la poudre de chaux, en les arrosant, au besoin, pour mieux les enduire de cette substance dessiccative et conservatrice. Cette

* M. Génot dit qu'une femme peut en extraire 90 kil. par jour, c'est-à-dire de quoi planter 16 à 18 ares.

** Cet emporte-pièce peut aussi s'utiliser à la cuisine pour préparer des petites pommes de terre à frire. Ceux qui se vendent à Metz, chez M. Fiers, coutelier, rue du Palais, sont étamés.

couche calcaire formera, en outre, un engrais ou stimulant recommandé par les agronomes.

Par ce procédé, le cultivateur arrive à la réalisation d'une économie notable, cet important et difficile problème de toute question industrielle, en même temps qu'il remplit la première condition pour empêcher la dégénérescence de ses pommes de terre. Mieux vaudrait sans doute planter de gros tubercules entiers, je le conseillerai, pour le champ qui devra fournir la semence ; mais des morceaux extraits, comme je viens de le dire, valent infiniment mieux que les *chiques,* voire même que les moyens tubercules qu'on a l'habitude de planter.

L'usage de changer de semence de temps en temps, comme on fait pour le blé, etc., en se procurant pour la plantation des pommes de terre d'un meilleur terrain, paraît aussi être un excellent moyen d'éloigner de cette plante la dégénérescence et les maladies. Ce moyen sera également très-praticable, si l'on borne cette précaution à un champ particulièrement soigné et destiné à fournir la semence de l'année suivante.

§ IV. Plantation.

Lorsque la terre a été convenablement préparée, qu'elle est suffisamment ameublie, et que l'état de l'atmosphère le permet, plantez vos pommes de terre ; le plus tôt sera le mieux. Évitez de faire vos plantations à la charrue, à moins que vous ne possédiez une terre légère et très-meuble jusques dans les couches inférieures : mieux vaut employer à cette opération la pioche ou la bêche ; rien n'est contraire à la saine méthode dans ce cas comme de se servir du plantoir.

Sur ces points et sur d'autres aussi généralement connus, il n'y a pas de difficultés ; il n'en est pas de même sur l'espace à laisser entre les pieds. Cet espacement doit être plus considérable dans les terres richement pourvues d'humus ou pour les espèces *coureuses* et dont les touffes portent un grand nombre de tubercules *; il peut être moindre dans des terrains qui reçoivent leurs principales forces des amendements plus ou moins immédiats, comme les sables, ou bien lorsqu'on ne plante que des espèces à racines courtes et chargeant peu de tubercules. Dans les premiers cas, un espacement de 80 à 90 c. peut n'être pas excessif; il y a des pommes de terre, les Rohan par exemple, dont les tiges souterraines s'étendent à un mètre de la souche : dans des circonstances différentes, une distance de 35 à 40 cent. en tous sens peut suffire; un espacement moindre semble toujours insuffisant.

Tous ces soins observés avec intelligence, il restera une seule précaution à prendre, c'est que les tubercules-semences ne soient ni trop ni trop peu couverts de terre. Dans les terres fortes et humides, il faut couvrir moins que dans les terrains légers. L'essentiel étant de garantir la semence et les jeunes pousses d'une action trop vive de la part de l'atmosphère, il peut être très-utile quelquefois de faire succéder le rouleau à la herse sur les champs plantés.

§ **V. Travaux pendant la végétation.**

« Pour la plantation, dit M. Royer **, choix exclusif des plus gros et des plus beaux tubercules, *entiers*, et largement espacés de $0^m,80$ à $0^m,90$ en tous sens. Enfin, point d'économie dans les cultures; hersages énergiques, avec des herses de fer, deux fois répétés avant et pendant l'ap-

---

* M. Mall cultive au Sablon, près Metz, une espèce *irlandaise* qui, en 1845, a produit 66 tubercules par pied, dont 54 grands et 12 petits. (*Bulletin de la Société d'horticulture de la Moselle*, n° 2.) Il y a des espèces qui en donnent 500 par pied.
** Journal d'agriculture pratique, octobre 1845.

11

parition des plantes ; binages non comptés, mais multipliés autant que l'apparition d'une plante étrangère ou la dureté du sol, ou son état motteux les rendront utiles ; enfin sur les deux faces si le mode de plantation le permet, buttage vigoureux à toute profondeur possible, dût-on, en le pratiquant, détruire les tiges et racines * ; toutes ces façons données avec d'énergiques instruments, et perfectionnées à la main après leur exécution, pour établir un auget à chaque touffe de pommes de terre, détruire les herbes mêlées à cette touffe, etc., etc. Tous ces frais, dût-on les prodiguer, n'occasionneront jamais une dépense de 300 fr. par hectare ; rarement ils excéderont la moitié de cette somme, et le produit certain variera seulement de valeur entre 5 et 600 fr. par hectare. »

« Ce serait le cas de dire, répond M. Villeroy à l'*Avis* ** : aux grands maux les grands remèdes ; mais les grands remèdes ne sont pas toujours nécessaires, pas même toujours utiles.......

» Dans les terres légères, et dans la culture en grand, les procédés sont plus simples. On donne, si le temps le permet, deux hersages, mais on emploie une herse plutôt légère que lourde, et surtout on n'attend pas que les pommes de terre aient *quelques centimètres de hauteur ;* on ferait alors beaucoup plus de mal que de bien en arrachant une grande partie des plantes. Le second hersage doit avoir lieu lorsque les premières feuilles des pommes de terre commencent à paraître.

» Deux binages sont très-utiles, la promptitude de croissance des plantes ne laisse pas le temps d'en donner davantage. La houe à cheval est imparfaite, parce qu'elle ne travaille que dans les intervalles qui existent entre les li-

---

* C'est une erreur grave, nous le croyons, et que nous combattons, page 61.

** Journal d'agriculture pratique.

gnes ; elle n'est donc pas, sous ce rapport, susceptible
d'être perfectionnée, et elle ne remplacera jamais complétement la pioche qui donne, sans aucun doute, la culture
la plus parfaite, quoique l'*Avis* dise que ce procédé est
presque toujours plus imparfait encore que le binage à la
houe à cheval.

» Si l'on a voulu dire que les binages à la pioche sont
généralement mal exécutés, c'est possible ; mais le binage
à bras est certainement toujours le meilleur, et s'il est fait
avec soin, jamais le travail d'aucune houe à cheval ne le
vaudra. Pour ménager les frais, et pourtant donner une
très-bonne culture, le mieux est de se servir d'abord de
la houe, puis ensuite de la pioche, pour compléter le travail
là où la houe ne peut arriver. »

Le même agronome pense, suivant l'avis adopté en
dernier lieu par M. de Dombasle, qu'on doit butter, mais
légèrement, et qu'on ne doit pas « attendre trop tard parce
qu'alors on dérange les plantes dans leur végétation. » Quant
aux « mauvaises herbes qui ont échappé aux binages et
buttages, un cultivateur soigneux les fait arracher à la main
avant qu'elles puissent porter graine. »

Je n'ai rien à ajouter à ces règles tracées de main de
maître. Je voudrais seulement qu'on s'assurât si l'enlève-
ment des pédoncules avant la formation des baies exerce,
comme je le présume, une heureuse influence sur la qualité
des tubercules, et si l'effet en est assez sensible pour que
cette pratique mérite d'être recommandée.

§ VI. Récolte.

La récolte est assurément la partie la plus intéressante
pour le cultivateur ; tous les frais qu'il a exposés pour se
procurer une bonne semence, tous les soins, les nombreux
travaux qu'il a prodigués aux champs de pommes de terre
avaient pour but une récolte abondante. Elle lui manquera

rarement, s'il observe tout ce que la raison prescrit au sujet de la culture des parmentières.

Les travaux de la récolte sont néanmoins ceux qui demandent, après l'observance de toutes ces prescriptions, le moins de soins. Attendre la maturité des tubercules, les arracher par un temps sec, les laisser sécher dans les champs, s'il est nécessaire, les ramasser avec le moins de terre possible, et les rentrer, voilà ce qu'exige une récolte pour être bien faite. Je ne parlerai pas des différents moyens inventés pour les sortir de terre et pour les dégager de cette dernière, comme d'une pioche-monstre qui soulève six à huit pieds à la fois, d'une claie à pommes de terre, et des voitures à claires-voies, etc. Une fois qu'on sera bien pénétré de l'utilité de ne pas blesser les tubercules, de la nécessité de les emmagasiner entièrement nets de terre, chacun trouvera moyen d'arriver à ces résultats. Une seule précaution sera encore essentielle, ce sera de mettre à part les plus beaux tubercules, afin de les conserver intacts jusqu'au printemps suivant. Mieux vaudrait, je l'ai déjà dit, faire une plantation particulière et à laquelle on apporterait tout les soins possibles, afin d'obtenir des pommes de terre parfaitement saines pour la plantation. J'insiste sur ce point, parce qu'il sera plus facile d'amener le cultivateur à faire d'abord en petit ce qui s'éloigne de la pratique ordinaire, et qu'il se procurera par ce moyen une bonne semence, tout en se familiarisant avec la méthode nouvelle, et en se convainquant de l'excellence de cette dernière par des résultats positifs.

§ **VII. Conservation.**

La conservation est sans contredit le point le plus important de la *culture* des pommes de terre. A quoi servirait-il d'avoir choisi pour semence une espèce appropriée au ter-

rain, de l'avoir déposée dans une terre convenablement
ameublie ; d'avoir prodigué les soins à la plante ; d'avoir
opéré la récolte avec les précautions indiquées ; si, se trom-
pant sur les moyens de conserver les tubercules, on perdait
une grande partie du fruit de tant de frais et de travaux ?
Cette importance est telle que l'attention générale s'est
portée de ce côté, comme si chacun sentait qu'une des
principales sources du mal est là. Depuis la dernière récolte,
une foule de méthodes ont surgi parmi nous ; l'Allemagne
en a vu naître un plus grand nombre depuis l'invasion de
la maladie, et mourir pour la plupart. Il ne serait ni
possible ni utile de reproduire ici toutes les théories éla-
borées à ce sujet, ou de faire connaître tous les moyens
qui ont été proposés. Quelques idées générales et les principales conséquences pratiques qui en ont été déduites,
voilà ce que nous pouvons tirer d'un travail immense. C'est
beaucoup, c'est assez.

Il ressort donc des recherches faites sur la meilleure
manière de conserver les pommes de terre, que les caves
devraient être vastes, sèches, bien aérées, exposées au
nord ou au couchant, à l'abri des rayons du soleil: elles
doivent être vastes, afin d'éviter l'amoncellement des tubercules ; sèches, pour empêcher la putréfaction de ces
derniers et d'autres effets funestes ; aérées, de peur que
l'air corrompu par les sécrétions du végétal n'agisse d'une
manière nuisible sur ses organes ; elles doivent être pro-
tégées contre l'action du soleil, pour y conserver une
température basse et égale, qui est nécessaire au repos
du germe endormi au sein du tubercule. Les caves datent
d'une époque où l'on ne prévoyait pas à quel usage elles
serviraient un jour, et ne sont pour cette raison ni assez
grandes ni convenablement construites, en tant qu'elles
doivent être employées à conserver les pommes de terre.
Les silos dont nous parlerons, peuvent suppléer à l'in-

suffisance des magasins ; il est difficile de remédier aux vices de construction. On obtient une sécheresse passable, en éloignant les tubercules du sol de la cave au moyen d'un plancher établi sur des poutres, ou de toute autre manière. Il serait bon aussi que les pommes de terre ne touchassent pas aux murs, mais qu'elles en fussent séparées d'un demi-mètre par une cloison à claires-voies. Dans l'intérieur des tas doivent être placées de distance en distance des cheminées d'évaporation, également à jours et partant du faux-plancher. Quant aux soupiraux, s'ils ne sont pas assez grands ou s'ils sont insuffisants en nombre, il n'y a qu'un moyen de remédier à cet inconvénient, c'est de les élargir ou d'en pratiquer de nouveaux ; car le renouvellement de l'air est de toute nécessité pour pouvoir conserver les pommes de terre. Les froids excessifs peuvent seuls autoriser la fermeture momentanée de ces ouvertures ; encore doit-on ouvrir alors et laisser ouvertes autant que possible les portes intérieures des caves. En Allemagne, des cultivateurs très-soigneux ont l'habitude de purifier une fois par mois l'air des caves par des fumigations au genièvre. Si toutes ces précautions sont nécessaires pour conserver sains les tubercules des pommes de terre, et je le crois, qui s'étonnera encore qu'ils aient été atteints d'une maladie grave, mortelle ?

Lorsqu'on manque de caves ou qu'elles ne suffisent pas à conserver en tas peu élevés toutes les pommes de terre d'une récolte, il faut recourir aux silos. Il est bien question aussi de greniers, etc., mais je doute qu'aucun de ces moyens soit praticable en Europe, à cause des hivers rigoureux de notre climat. Les silos se font de plusieurs manières. En les établissant, on doit également avoir en vue de procurer aux tubercules un lieu sec, une température basse et invariable, la facilité de se débarrasser aisément des vapeurs par le renouvellement de l'air. Les meilleurs paraissent être ceux établis de la manière suivante :

On choisit dans le voisinage des habitations un endroit sec, un peu élevé, s'il se peut, et le plus possible à l'ombre; on égalise le terrain en le battant du dos de la bêche ou d'une pelle, dans la longueur du silo qu'on veut établir et sur un mètre environ de large. Quand cette aire est sèche, on y entasse les pommes de terre en dos d'âne, ayant à la base la largeur du terrain battu. De deux en deux mètres on place verticalement une javelle ou bourrée de branches mortes, en forme de pain de sucre, du diamètre de 50 à 40 centimètres à un bout et de 12 à 15 de l'autre. Ces petits fagots partant du sol et s'élevant, par le bout mince, un peu au-dessus du faîte du toit que forment les tubercules, servent de cheminées d'évaporation.

Si les nuits ne sont pas encore trop froides, on se contente de couvrir ces tas d'une couche de paille de 12 à 15 centimètres d'épaisseur; dans le cas contraire, on y ajoute une légère couche de terre: les pommes de terre restent ainsi jusqu'à l'entrée de l'hiver. Alors seulement la plus grande fermentation étant passée, on peut sans inconvénient augmenter la couche de terre, qu'on bat du dos d'une pelle ou avec un battoir spécial, et que l'on recouvre de fumier long, de paille de colza, de feuilles sèches, ou de toutes autres matières, pour garantir les pommes de terre de la gelée. La terre doit être prise tout le long du tas des deux côtés, à 60 centimètres de la ligne extérieure de la base, pour mieux empêcher l'humidité d'y pénétrer sans donner accès au froid par en bas. Pour empêcher la pluie de pénétrer par les cheminées d'évaporation qui sont indispensables, on les munit d'un chapiteau en paille. Cette manière de conserver les pommes de terre est peut-être la meilleure, c'est celle qui se rapproche le plus de la manière dont elles se conservent dans l'état de nature; mais elle est très-dispendieuse et demande des soins excessifs. Les conserver en terre, dans une terre préparée d'après la nature du sol natal de cette plante * et qui permette aux tubercules d'achever leur végétation est assurément un procédé fort ingénieux, dont les amateurs feront bien d'essayer, mais qui ne saurait être pratiqué sur une échelle un peu considérable.

* M. Villeroy rapporte l'expérience suivante faite par un habitant de Westerwald, qui observe la maladie des pommes de terre depuis 1859, elle est tirée d'un écrit publié en Allemagne ** :

« Cet observateur avait fait la remarque que les pommes de terre restées en terre à la récolte, et qui échappent à la gelée, sont encore fraîches au printemps suivant, mais ont contracté un mauvais goût.

» Il en conclut que la vie des tubercules n'est pas tout à fait endormie pendant l'hiver, et que dans le sol, et sous le climat où la nature les a primitivement placées, les pommes de terre complètent leur végétation pendant cette saison; il eut alors l'idée de les placer, quant au sol, dans des circonstances à peu près semblables. Pour cela il prépara, dès le printemps, divers composts qu'il crut les plus favorables à la complète réussite des pommes de terre.

» *Premier mélange.* Gazons incomplètement brûlés, auxquels on ajouta du crottin de cheval bien divisé et mêlé avec les gazons. (Les quantités ne sont pas indiquées.)

» *Second mélange.* Bonne terre végétale, fumier consommé de bêtes à cornes, herbes, feuilles vertes, mauvaises herbes déjà décomposées.

» *Troisième mélange.* Gazons pourris et autres végétaux, paille en quantité convenable et fumier de bêtes à laine.

» *Quatrième mélange.* Terre végétale pure, telle qu'à la longue elle se forme dans un jardin.

» *Cinquième mélange.* Fumier de volailles, ordures d'un chenil, balayures de rue et paille.

» Les cinq tas furent formés au printemps et restèrent exposés à l'air jusqu'en automne; tous les matériaux dont ils avaient été formés étaient alors entièrement décomposés, et chaque tas, retourné et bien mélangé, présentait l'apparence d'une masse de bonne terre végétale.

» A la récolte, on choisit des pommes de terre bien saines; on en coupa une partie en morceaux, et on les plaça tout de suite dans ces composts, les pommes de terre et la terre de composts formant des couches alternatives, de manière que les tubercules ne se touchaient pas et que chacun était entouré de terre.

» On forma ainsi, en plein air, cinq tas de forme ronde. Pour

** Brochure sur la maladie des pommes de terre, par S. Julien. Coblentz, chez Hergt.

Il est une espèce de silos qui me semblent plus avantageux sous le point de vue économique. Peut-être le sont-ils sous d'autres rapports. La construction en est simple et peu coûteuse ; comme les mêmes silos peuvent servir pendant plusieurs années ; qu'il est plus facile d'y mettre et d'en sortir les pommes de terre, il y a aussi moins de main-d'œuvre. Après cela, sont-ce des silos ou des caves ? Le lecteur décidera.

Dans une partie de la Normandie on conserve les pommes de terre dans des fosses qui présentent déjà de grands avantages sur les silos ordinaires. Elles m'ont donné l'idée des *conservoirs* dont je vais parler. Les fosses normandes se creusent en forme d'entonnoir dans le sol, à proximité des habitations. On choisit de préférence un endroit élevé pour mieux éviter l'humidité. Un passage, ménagé du côté où le terrain s'y prête le plus commodément, conduit au

éviter un tassement trop fort, ou les couvrit de petites perches, puis de menus branchages, et par-dessus de terre en suffisante quantité pour les préserver de la gelée.

» On fit les tas peu hauts, afin que les pommes de terre ne fussent pas trop pressées.

» Lorsque les grands froids furent passés, on enleva la couverture extérieure pour que la chaleur intérieure ne fût pas trop considérable.

» Les pommes de terre restèrent ainsi jusqu'au moment de la plantation. Leur apparence était excellente ; celles qui avaient été coupées étaient encore tout à fait fraîches, les germes qui commençaient à paraître étaient parfaitement sains. Râpées, elles fournirent plus de fécule que celles qui avaient passé l'hiver dans la cave ; exposées en plein air pendant deux ou trois jours, puis plantées, elles poussèrent des tiges vigoureuses et donnèrent une bonne récolte, tandis que des pommes de terre de la cave, exposées à l'air pendant vingt-quatre heures seulement, ne poussèrent pas du tout ou ne fournirent que des tiges languissantes, et la récolte ne fut que le quart de la récolte produite par celles conservées dans les composts.

» Cette expérience a été renouvelée pendant cinq années de suite, et toujours avec le même succès. »

(Journal d'Agriculture pratique.)

12

sommet de ce cône renversé ; les pommes de terre sont retirées par une ouverture pratiquée au bout de ce couloir.

Avant de se servir de ces fosses on a soin d'en rendre les parois intérieures aussi parfaitement unies que possible au moyen de pelles ou palettes en bois dont on les bat également partout. Si la terre n'est pas assez sèche on allume un feu de branchages ou de paille au fond. Les pommes terre n'y sont déposées que lorsque toutes ces précautions ont été prises. Il est rare qu'elles se gâtent dans ces silos. Tant que la température le permet, ces fosses sont couvertes de paille seulement ; mais à l'approche des froids, et quand la première fermentation est passée, on ajoute à la couverture de paille une couche de terre suffisante pour garantir le silo des gelées. Une cheminée d'évaporation dans le genre de celles que j'ai décrites empêche l'air de se corrompre.

Ces silos offrent de grands avantages comme on voit ; mais il en faut à peu près recommencer tous les ans la construction. J'ai pensé qu'on échapperait à cet inconvénient en donnant à cette dernière de la solidité. Qu'on construise, par exemple, ces silos à la façon de nos fours-à-chaux, en prenant extérieurement les précautions obligées pour éloigner l'humidité, et en égalisant l'intérieur au moyen d'un ciment. La toiture serait mobile et établie sur une légère charpente de cerceaux en bois ou en fer galvanisé. Des silos ainsi conditionnés dureraient fort longtemps. Aux conditions requises pour une bonne cave, pour des silos avantageux, sécheresse et pureté d'air, ces *conservoirs* ajouteraient un avantage bien précieux, celui de permettre le remuement à volonté et sans peine de toute la masse des tubercules, en retirant quelques paniers de pommes de terre par l'ouverture du fond. On sait l'utilité de cette mesure pendant la fermentation et son absolue nécessité pour empêcher la germination. Au printemps l'opération se fait tout naturellement ; on n'a qu'à entamer tous les silos à la fois et y puiser alternativement. Il va sans dire que l'ouverture inférieure doit également être protégée contre le froid pendant l'hiver.

Plusieurs fois déjà, j'ai insisté sur la nécessité d'user de tous les moyens capables de retremper les forces vitales de la pomme de terre semence ; de n'en négliger aucun dans la petite plantation surtout, qui devra fournir cette semence à l'avenir. Je reviens encore à cette idée. Que chaque planteur choisisse dans le reste de sa provision de pommes de terre les plus beaux tubercules, ou mieux, qu'il obtienne le droit de faire ce choix chez un cultivateur exploitant un terrain meilleur ou au moins différent ; qu'il plante ces tubercules *entiers*, dans une terre réunissant au plus haut degré les conditions d'un bon champ à pommes de terre ; qu'il prodigue littéralement les travaux à cette plantation privilégiée ; que les fleurs soient enlevées avec précaution aux fanes, afin de faire refluer vers les tubercules les principes amylacés destinés aux baies ; que la récolte soit l'objet des soins les plus minutieux.

Pour couronner cette œuvre de régénération, une chose encore restera à faire, une seule mais essentielle, ce sera d'adopter aussi un système rationnel pour conserver intacts les tubercules obtenus à la suite de tant de soins. Aucun cultivateur ne reculera devant la faible dépense qu'il faudra faire pour se procurer ce moyen. Un simple tonneau, ayant la forme d'un silo normand et placé dans un endroit convenable de la cave, peut offrir au petit propriétaire quelques-uns des avantages de mon *conservoir* *.

Tels sont les moyens que nous croyons capables de produire sur les pommes de terre l'effet d'une sorte de

---

* Les idées et les choses nouvelles nécessitent souvent la création de termes nouveaux. *Réservoir* vient du verbe latin *reservare*, pourquoi *conservare* ne fournirait-il à son tour le substantif *conservoir* ?

régénération ; ces moyens retarderont longtemps la dégénérescence des espèces qui sont encore pleines de force
et de vie ; ils ralentiront le développement de l'altération
naissante, et provoqueront une réaction favorable même
sur les germes fatigués, presqu'épuisés. Ce résultat vaut
déjà la peine d'être pris en sérieuse considération ; mais
il serait insuffisant : le germe des tubercules dégénérant
forcément, autrement dit sa force reproductrice s'affaiblissant
naturellement et sans le concours d'aucune cause désor-
ganisatrice, nous n'atteindrions qu'une partie de notre but
si, la source d'une régénération complète et durable existant, nous négligions de l'indiquer. Nous ne serons pas
coupable de cette omission.

CHAPITRE X.

RÉGÉNÉRATION PROPREMENT DITE.

Les avis sont excessivement partagés touchant les causes
auxquelles doivent être attribuées les maladies des pommes
de terre en général, et l'affection régnante en particulier.
Chose unique pourtant et digne de remarque, la conclusion
est à peu près la même : il faut régénérer la plante par
une culture rationnelle et par des semis, voilà où viennent
aboutir les systèmes les plus divergents. Il ne pouvait guère
en être autrement. On a beau trouver une cause satisfaisante
au point de vue scientifique, parce qu'avec elle les principaux
phénomènes semblent s'expliquer ; on a beau grouper autour
d'un système les faits les plus propres à l'étayer, on ne
parviendra jamais à détruire la logique de l'évidence : d'une
part, les pommes de terre avaient résisté jusqu'à présent
à l'action des causes invoquées ; de l'autre, on ne peut
nier ni l'influence de la culture sur les plantes, ni la
négligence avec laquelle sont cultivées les pommes de terre,

ni la dégénérescence comme conséquence inévitable de la multiplication par boutures *. La seconde partie de mon travail n'est donc que le développement pratique d'une seule et même conclusion de toutes les théories imaginées pour expliquer la cause de l'épidémie régnante. Le présent chapitre est le complément obligé de mon travail.

Cela posé, nous admettrons que personne non-seulement n'ignore que les pommes de terre peuvent se multiplier de graines, et que cette semence se trouve renfermée dans les baies qui pendent aux tiges aériennes, mais aussi que chacun est convaincu que ce moyen de reproduction est le seul infaillible pour conserver à cette plante sa vigueur native, et pour la retremper quand elle a éprouvé des altérations sensibles. Supposons que le seul motif qui a si longtemps fait négliger cette voie de salut, c'est l'absence d'une méthode simple, facile, et conduisant à des résultats certains, et indiquons la manière de faire venir de semence des pommes de terre propres à la plantation, dès la première année.

Baies ou fruits. — Une seule baie de pomme de terre contient quelquefois jusqu'à trois cents graines. Mais de même qu'il n'est pas indifférent de prendre des baies indistinctement de toutes espèces de pommes de terre, de

---

* « Je pense qu'on devrait profiter de l'occasion pour encourager le renouvellement de nos pommes de terre par des semis. On se plaint, en Belgique, qu'elles ont dégénéré; que cette dégénération soit vraie ou non, elle est du moins possible avec le temps, *inévitable* même, car beaucoup de variétés sont déjà anciennes, et, depuis leur naissance ou leur introduction, on ne les multiplie que de boutures, puisqu'un tubercule n'est qu'une partie de la plante qui le produit; or l'horticulture a constaté que beaucoup de plantes multipliées toujours de boutures deviennent de plus en plus faibles. (Note de M. Poiteau; *Bulletin des séances de la société royale et centrale d'agriculture.* C'est aussi de ce recueil que j'ai tiré les paroles citées de M. Payen, secrétaire perpétuel de ladite société.)

même aussi il y a un choix à faire dans les graines. Les premières doivent être prises sur une espèce assez hâtive pour que les tubercules puissent mûrir dans nos climats ; les pieds qui les portent doivent provenir d'une semence saine et être vigoureux. Cette dernière qualité se reconnaît en général à la grosseur et au nombre des baies mêmes ; comme nous l'avons vu, l'affaiblissement des forces vitales se manifeste par la diminution et l'affaiblissement des organes de la reproduction. Il est cependant des espèces, comme les Rohan, qui n'ont jamais beaucoup de fleurs ni beaucoup de baies par conséquent. Peut-être cela vient-il de ce que ces espèces supportent moins que d'autres nos climats froids. Toujours est-il qu'il faut éviter celles qui portent peu de fruits, parce qu'il est reconnu que la dégénérescence en est plus prompte. Pour la même raison, il est bon de ne pas cueillir les baies dans un champ où les bonnes espèces sont avoisinées d'espèces proscrites par la culture rationnelle.....

On voit que la régénération proprement dite et complète de nos pommes de terre n'est pas aussi facile qu'on pouvait le supposer. Nous n'avons peut-être pas une seule espèce franche ; toutes sont plus ou moins mêlées du moins, et trop épuisées pour qu'on puisse s'attendre à en voir sortir une race fortement trempée. Il n'y a que les rares amateurs qui, ayant eu soin de préserver de cette fatale promiscuité des espèces nouvellement importées d'Amérique, pourraient récolter une semence exempte d'altération. Le feront-ils ? Et en cas d'affirmative, leurs produits suffiront-ils à remplacer nos espèces décrépites ou prématurément usées avant que la maladie ait fait des ravages plus considérables ? Je ne le pense pas ; je crois au contraire qu'il serait prudent de faire venir dès maintenant de la graine ou des tubercules soit du midi de la France, si les pommes de terre y sont réellement mieux conservées que dans l'est et les autres parties, soit directement du Nouveau-Monde. Ce sera sans doute le seul moyen de sauver d'une destruction absolue le plus utile de nos végétaux.

Graine. — Quant à la graine, qui ressemble à celle de la morelle (*solanum nigrum vulgare*. L.), il faut, comme à l'égard des autres plantes, préférer les grains les mieux formés, c'est-à-dire les plus gros et les mieux remplis. M. Ottmann père a parfaitement décrit* les soins qu'exige la semence depuis la récolte des baies jusqu'à la transplantation des plantes obtenues de la graine. Je laisserai parler le savant agronome de Strasbourg.

« On recueille les graines en automne et on les conserve dans un endroit sec, où elles sont à l'abri de la gelée, jusque vers la fin de janvier. A cette époque on écrase, avec les mains, la baie ou la capsule qui renferme les graines ; puis on les place dans un vase quelconque, où on les laisse pendant six à huit jours, pour qu'elles passent en pourriture et se séparent de la partie muqueuse. On y verse ensuite de l'eau et on lave la semence, comme on le fait avec la graine de concombre ou de melon, séchée et conservée dans un endroit sec.

» A la fin de mars ou au commencement d'avril on sème cette graine sur couche, et on la traite à peu près comme les légumes précoces. Peut-on disposer d'un emplacement abrité et exposé au soleil du midi, que ce soit une maisonnette ou un mur, on peut semer la semence sur une plate-bande et se passer d'une couche. Comme cependant ces jeunes plantes souffrent facilement de la gelée blanche, il sera convenable de les couvrir, pendant la nuit, de paille ou de planches, ou de toile, en prenant toutefois la précaution de supporter ces couvertures avec des perches pour que les plantes ne soient pas écrasées.

» Au mois de mai ; quand ces plantes auront acquis une

---

*La Revue agric ole, janvier 1846. Paris, rue des Saints-Pères, 64.

certaine consistance, on les plantera dans une terre légère
à la distance ordinaire. »

Culture. — Tout ce qui a été dit du terrain, des labours,
de la fumure et des différents travaux exigés par les pommes
de terre reproduites au moyen de tubercules, est applicable
à la culture de celles obtenues de semence. Nous venons
de voir quels soins particuliers réclame la jeune plante. En
observant exactement ce qui est prescrit, on peut non-
seulement compter sur une génération vigoureuse de la pré-
cieuse plante, mais on obtiendra par les g.aines dès la
première année, des pommes de terre presque aussi grosses
que celles provenant de tubercules. M. Ottmann rapporte
l'expérience suivante faite par le cultivateur allemand qui
lui a fourni les renseignements qu'on vient de lire.

« Cet agronome a cultivé cette année des pommes de
terre précoces d'après ce même procédé : le 11 avril, il
a semé la semence sur couche : le 26 mai il a repiqué les
jeunes plantes en pleine terre. Lors de la récolte, ces
plantes ont fourni jusqu'à 1 $\frac{1}{2}$ metzen par pied (5 litres $\frac{1}{4}$);
une des plantes avait même produit 280 tubercules. Quoi-
que parmi ces tubercules il y en eût aussi de bien petits,
néanmoins la récolte a dû passer pour bonne. Le susdit
agronome a répété cette expérience pendant cinq années
de suite et avec un succès égal. Outre cela des plantes
provenant de semence ayant été repiquées par ses jour-
naliers et d'autres cultivateurs, dans un champ planté de
tubercules, ces derniers ont été frappés de maladie, tandis
que les premières sont restées intactes. »

Il serait superflu d'ajouter que les semis peuvent se faire
de deux manières, soit en pépinière, pour replanter, soit
en plan par rigoles ou autrement. Les graines doivent être
très-peu couvertes ; mais à mesure que les jeunes plantes
se développent, on les chausse légèrement à chaque sar-
clage, de manière qu'elles finissent par être modérément

buttées. *Le Bon Jardinier* rapporte que dans un semis d'expériences, en plain champ, on a obtenu, par ce procédé, des pommes de terre dont plus de la moitié étaient de grosseur ordinaire, et le reste comme des noix.

La conservation de ces tubercules vierges demandera aussi des soins particuliers. Ce serait le cas de faire usage du procédé de l'habitant de Westerwald, que j'ai fait connaître plus haut, si cette méthode était reconnue bonne. Mais de quelque façon que ces tubercules soient conservés, il est de la dernière importance de ne négliger aucune des précautions indiquées pour une bonne conservation. C'est à ce prix, et à ce prix seulement, que la régénération sera complète, parfaite.

CHAPITRE XI.

CONCLUSION.

Dans la première partie de cet écrit nous avons recherché la cause de l'épidémie qui décime nos pommes de terre depuis l'automne dernier. Nous avons cru la trouver dans la dégénérescence de la plupart des espèces actuellement cultivées en Europe, c'est-à-dire dans un affaiblissement général des parties constitutives de la plante, provenant de l'altération ou de la fatigue des organes de la reproduction. Encore bien que nous ayons acquis la conviction que l'épuisement de ces organes est l'effet naturel de la propagation non interrompue des pommes de terre par les tubercules, et que cette décrépitude inévitable doit forcément amener un jour la dissolution réservée à tous les êtres organisés, nous avons pensé que la dégénérescence existante a été hâtée par des causes plus ou moins éloignées. Ces causes nous avons cru les reconnaître dans la manière de cultiver les pommes de terre. Des causes passagères ont

13

pu contribuer aussi à précipiter les progrès de cette fatale dégénérescence.

Passant ensuite aux moyens régénérateurs, nous déroulons l'ensemble d'une culture rationnelle, aussi propre à prévenir la dégénérescence d'une plante saine et vigoureuse qu'à ralentir la marche envahissante du mal dont nos pommes de terre sont atteintes. Cette seconde partie se termine par une analyse succincte mais complète du meilleur procédé à suivre dans la culture des pommes de terre par des semis.

Là finit ma tâche d'écrivain. Celle d'observateur et d'expérimentateur ne sera accomplie que lorsque la pomme de terre, ce pain quotidien du pauvre, aura reconquis une existence assurée parmi nous. Cette philanthropique tâche doit nous être commune, cultivateurs français ; chacun devra apporter à l'œuvre de régénération que nous poursuivons sa part d'observations et d'expériences ; car la pratique générale seule peut définitivement sanctionner et les théories rationnelles et les essais isolés que nous soumettons à votre appréciation. C'est à vous surtout, cultivateurs mosellans, courageuse avant-garde de la France au jour d'un autre danger, c'est à vous que je fais un appel particulier et plein de confiance ; vous ne serez pas les derniers non plus dans cette circonstance où il s'agit de combattre pour vos propres intérêts menacés, pour le bien-être général, pour le pain des classes nombreuses qui n'ont pour toute nourriture, vous le savez, que la pomme de terre, pour la vie de vos semblables, de vos compatriotes, pour la vôtre peut-être * !!... Tous se mettront à l'œuvre à

---

* Les journaux allemands, anglais et néerlandais font, de la misère qui règne dans les pays voisins par suite du manque de pommes de terre, les tableaux les plus sombres, les plus tristes. Dans des provinces où ce végétal forme pour ainsi dire l'unique ressource, des familles entières meurent de faim !

la suite de l'*Académie* de Metz qui sera fière de proclamer l'intelligence et le zèle de tous aussi, en récompensant les plus heureux. Et pour donner à ces efforts combinés la direction la plus avantageuse, il suffira d'imiter l'exemple de ceux qui nous ont devancés, de faire ce que j'ai fait moi-même en mettant sous les yeux du lecteur les résultats déjà obtenus par ces derniers ; il suffira *de prêter une oreille attentive aux avis mystérieux et pleins de sagesse que donne à chaque instant la Nature, sans perdre de vue que, en bonne mère, elle punit l'oubli de ses conseils, en faisant sentir la nécessité de les suivre.*

NOTE SUR LA CHARRUE-TAUPE.

La charrue-taupe, ainsi appelée parce qu'elle travaille entre deux terres, comme le quadrupède dont elle emprunte le nom, est probablement d'invention anglaise. Toujours est-il que nos voisins d'outre-mer lui ont donné des formes particulières et spécialement propres à sa destination, ainsi qu'on peut le voir dans les ouvrages d'agriculture. Mais une forme spéciale ne semble pas rigoureusement indispensable ; pourvu qu'une charrue ait l'enture voulue, que sa construction soit assez solide, et qu'elle soit privée de versoir, elle peut servir de charrue-taupe. Il faut consulter le terrain pour savoir à quel point le soc ou les socs et les coutres doivent être tranchants, etc., etc. L'usage qu'on fait de cette charrue en Angleterre fera mieux comprendre quelle en est la forme la plus avantageuse.

A l'automne, après les récoltes, si les terres sont emblavées, plus tôt dans les jachères, on laboure les champs à la profondeur ordinaire, puis avec une charrue-taupe on défonce à 40 centimètres et au-delà. Cette dernière opération a principalement lieu pour les champs destinés à la culture des pommes de terre.

En 1838, sir James Graham, traita de la sorte une pièce de huit acres d'une terre compacte et peu fertile, qui n'avait jamais produit que des roseaux et d'autres plantes aquatiques. Il en obtint une récolte de pommes de terre très-satisfaisante, tandis que ce végétal manqua dans les meilleures terres défoncées à de légères profondeurs.

Une autre expérience eut lieu, en 1841, de la manière suivante :

Dans un champ labouré comme le précédent, on planta des pommes de terre à la profondeur de $0^m,12$ sur un espacement de $0^m,6$ à $0^m,7$ en tous sens. Le 22 avril, les plantes commençant à lever, on fit passer successivement et à de courts intervalles sur le champ la herse, le rouleau et la houe à cheval. Le propriétaire de ce champ fut amplement dédommagé de ses frais et soins, par une récolte superbe d'abord, et ensuite par la satisfaction qu'il eut d'obtenir le prix décerné tous les ans à la meilleure culture des plantes de première nécessité.

Il appartient à nos cultivateurs aisés de faire les premiers frais de cette méthode ; c'est à eux à populariser toutes les découvertes utiles, à entraîner dans la voie d'un sage progrès l'agriculture française, afin que nos voisins puissent bientôt emprunter à nos procédés au-delà de ce que nous leur demandons aujourd'hui. *La France ne doit pas seulement enfanter toute nation à la liberté*, mais aussi, entre autres, à la perfection dans l'art de cultiver la terre.

FIN.

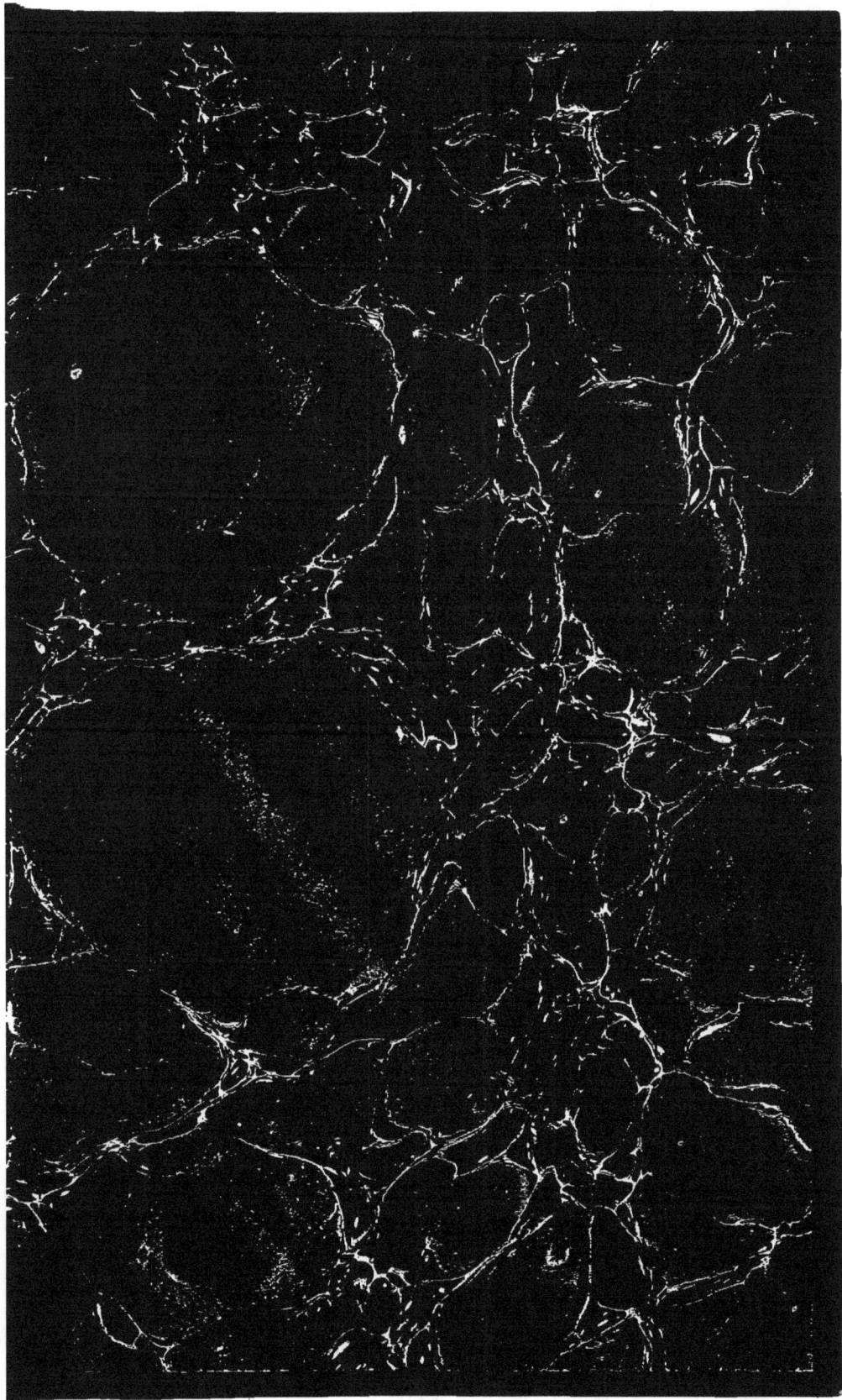